图4-5　中式古典风格的居住空间

图4-6　中式现代风格的居住空间

图4-7　欧式风格的居住空间

图4-8　现代风格的居住空间

图4-9　田园风格的居住空间

图4-10　统一空间中深浅颜色的调和

图4-12　暖色调的居住空间

图4-11　明亮颜色的运用

图4-14　色彩距离感的体现，空间显得开阔

图4-13　冷色调的居住空间

图4-15　为了取得庄重的效果，宜采用重感色

图4-16　两种色彩的对比与调和，简洁明快

居住建筑装饰设计

主　编　黄金凤　杨　洁

东南大学出版社
·南京·

内容提要

本书根据《居住建筑装饰设计教学大纲》编写，内容设置以居住建筑装饰设计师的岗位需求以及工作过程为主线，系统性强，概念新；在选材上以大量新颖的居住建筑装饰设计实际案例为主；注重理论与实践相结合，教材和教学相结合，适合本专科层次的教学要求。

本书共分为七章，介绍了目前居住建筑装饰设计的行业要求以及相关的岗位能力要求、沟通技巧、量房技巧、整体设计技巧、深入设计技巧、开关插座设计技巧等内容，并编写居住建筑装饰施工过程案例分析，着重表达了居住建筑装饰设计师岗位能力要点，配以清晰的、新颖的图片介绍，可读性强。

本书可作为专科、应用型本科学校的室内设计、建筑装饰工程技术等相关专业的教材，同时也可供从事本专业的工程技术人员以及自学者使用。

图书在版编目(CIP)数据

居住建筑装饰设计/黄金凤，杨洁主编．—南京：东南大学出版社，2011.6(2019.8 重印)

ISBN 978-7-5641-2623-0

Ⅰ.①居… Ⅱ.①黄…②杨… Ⅲ.①居住建筑—建筑装饰—建筑设计—高等学校：技术学校—教材 Ⅳ.①TU238

中国版本图书馆 CIP 数据核字(2011)第 019761 号

居住建筑装饰设计

出版发行 东南大学出版社
出 版 人 江建中
责任编辑 马 伟
电　　话 (025)83791797
社　　址 南京市四牌楼 2 号
邮　　编 210096
电　　话 025-83793191(发行) 025-57711295(传真)
经　　销 全国各地新华书店
印　　刷 虎彩印艺股份有限公司
开　　本 787 mm×1092 mm 1/16
印　　张 12.75
彩　　插 16 页
字　　数 343 千字
版　　次 2011 年 6 月第 1 版
印　　次 2019 年 8 月第 3 次印刷
书　　号 ISBN 978-7-5641-2623-0
定　　价 39.00 元

* 本社图书若有印装质量问题，请直接与读者服务部联系。电话(传真)：025-83792328。

前 言

高等职业教育的主要任务是培养具有综合职业能力的高技能人才。培养"职业能力"是我国职教界的共识，以工作过程为导向，以联系实际为改革重点。居住建筑装饰设计是建筑装饰工程技术专业的一门重要的专业课程，为此，我们根据高职高专人才培养目标和社会岗位群的需求，依据社会岗位需求目标，以居住建筑装饰设计师的工作过程为主线编写了《居住建筑装饰设计》一书。

本教材共分七章：第 1 章概述，主要讲述了居住建筑装饰设计行业的现状以及居住建筑装饰设计的相关概念；第 2 章沟通技巧，主要讲述了设计师在不同的阶段与客户沟通的技巧；第 3 章量房技巧，主要讲述了量房的方法、内容、步骤；第 4 章整体设计技巧，主要讲述了设计前的资料收集、设计要素分析以及居住建筑装饰空间整体设计的方法与内容；第 5 章深入设计技巧，主要讲述了居住建筑装饰空间中每个空间的深入设计技巧，依次为玄关、客厅、餐厅、卧室、厨房、卫生间等；第 6 章开关插座的设计技巧，主要讲述了居住建筑空间中的强弱电的相关术语、相关的开关插座的图例符号以及各空间中强弱电的开关插座的设置；第 7 章居住建筑装饰设计施工过程案例分析，主要讲述了居住建筑装饰设计施工全过程的各要点，包括工程案例概况和图纸分析，以及工程开工、隐蔽工程、瓦工工程、木工工程、墙面漆工程、水电五金安装工程等。

另外，本书在编写的过程中采用了大量的彩色图例，形象生动，具有新颖性、生动性、典型性。全书内容信息量大，学习指导性强，每章开篇有内容提要和教学目标，每章结束配有知识拓展和实训提纲，为老师教学和学生自学提供了方便。最后在附录里提供了《住宅装饰装修工程施工规范》和《家庭居室装饰装修工程施工合同》。

《居住建筑装饰设计》一书，凝聚了编者从事高职建筑装饰工程技术专业教学十余年的经验积累与教学体会。本书在编写的过程中，得到有关领导和许多教师的真诚鼓励和大力支持，例如，王睿老师（徐州建筑职业技术学院）为第 4 章的内容提供了部分资料，另外，还参阅了不少相关文献和案例资料。在此我们向相关的领导和教师以及研究资料被参阅的有关作者表示诚挚的谢意。

本书在编写的过程中选用了部分手绘和图片作品，由于时间仓促无法和作者取得联系，特致歉意，并希望这些作者及时与编者联系，以便领取稿酬。

本书由黄金凤、杨洁主编。在本书编写过程，得到有关领导和同事的帮助，例如，王睿老师、杨宁宁老师提供了部分资料，室设班朱璐、王浩浩、张晨、鲁安琪、冯培欣、尚肖肖、付迅等同学的配合与帮助，在此表示诚挚的谢意。

囿于编者学识，加之时间仓促，书中的错误与缺陷在所难免，恳请同行和读者批评指正。

编　者

2010 年 9 月

目　录

1 概　述

【内容提要】

本章主要阐述居住建筑装饰设计目前的行业现状以及高职院校对居住建筑装饰设计专业学生的培养目标，另外还介绍了居住建筑装饰设计的相关概念、设计程序与方法以及居住建筑装饰设计的原则，使初学者对居住建筑装饰设计有个大概的了解与掌握。

【教学目标】

● 了解目前居住建筑装饰设计行业的现状及相关的概念和设计原则。

● 掌握居住建筑装饰设计的程序与方法，并将理论运用于实践。

居住建筑装饰设计是当前十分热门的一个行业，以经济建设为中心的大环境，为居住建筑装饰设计的发展提供了前所未有的空间。作为初学者，了解本行业的大环境，熟悉相关的概念、设计程序与方法、设计原则等知识是必不可少的。

1.1　目前居住建筑装饰行业分析

1.1.1　行业背景

伴随着我国经济的快速增长，城镇化进程不断加快，城乡居民消费结构逐步升级，我国建筑装饰行业呈现出持续、迅猛增长的势头，成为增长性最好的新兴行业之一，而且成为我国国民经济的支柱产业之一。资料显示，2007 年建筑装饰行业工程总产值达 1.41 万亿元，增长率为 22%；一、二、三级资质企业共有 4.5 万家，从业人员近 1 400 万。“十一五”期间，全行业实现产值 2.1 万亿元，年均增长 15%以上，其中江苏省实现产值 1 866 亿元，年均增长 18%以上。这些资料显示，中国目前居住建筑装饰行业将是未来 10 年蓬勃发展的朝阳产业之一，而且各种层次的装饰公司的不断涌现，对专业设计人员的需求也很大。

1.1.2　专业人才的需求

在建设系统人才队伍结构中建筑装饰高技能人才严重不足，仅占从业人员比例的 0.3%，建筑装饰技术、管理人员所占比例不足 6%，在建设系统各行业中比例最低。以江苏省为例，“十一五”期间江苏省建设系统人才队伍建设的主要目标：由劳动密集型向知识、技术、技能密集型跨越，高技能人才年均递增 10%；到 2010 年末，各类专业技术管理人员已达到 50 万人，增长 30%，培养了 3 万名职业资格注册师，培训了 100 万名熟悉专业知识、掌握专业技能的一线操作技能人才。

1.1.3　存在的问题

从高职建筑装饰设计行业背景和专业人才的需求能够看出，这方面的人才需求很大，因此该专业的发展前景是广阔的，但繁荣的背后也存在着问题。该行业有以下几个特点：一是市场火爆，同时竞争越来越激烈，企业人才缺乏，对设计师的需求也较大；二是设计师的队伍建立时间短，各种人员混杂；三是市场运作机制不健全，存在很多不规范和不科学的地方；四是整个行业的科技含量低，技术手段和管理方法落后；五是以私营和小企业为多，尽管其在市场运作方面有很大的灵活性和生命力，但在经营管理和人才的使用上难免出现“短视”和“投机”的做法。

1.1.4 居住建筑装饰设计师的日常工作

设计师的日常工作随着社会的发展也在发生着改变，传统的设计师日常工作一般就是设计方案、施工图绘制等，而现在的设计师的日常工作面越来越宽，参与从设计咨询、设计方案、施工图绘制、预算报价、购买材料、施工管理、工程验收到后期服务等一条龙服务。设计师的工作在一定程度上很繁杂，也很辛苦，一般是白天与客户沟通接单、跑工地现场量房，晚上做设计方案等。

1.1.5 设计师需具备的能力

装饰公司多为私营企业，居住建筑装饰公司的主管大多是设计师出身或身兼设计师，大部分时间都在家装现场的第一线。居住建筑装饰工程不比公共建筑装饰工程，它的经营管理完全是市场经济行为，它的家装业务是通过纯粹的市场竞争获得的，想利用拉关系、给“回扣”的形式来完成是不可能的，所以说在居住建筑装饰行业里，企业更注重设计师的设计和接单能力。

居住建筑装饰设计具有综合性强、周期短、收费低的特点，这就要求设计师要有很全面的知识结构，不仅要设计方案做得好，懂材料会预算、懂施工会管理，还要懂水电知识、能绘制水电布置图等。

1.1.6 高职建筑装饰行业培养目标分析

按照高职教育“以职业需求和就业为导向”的要求，高职教育的装饰专业建设在了解建筑装饰行业的同时，还必须对建筑装饰的职业进行了解和分析，以确定建筑装饰工程技术专业人才培养的目标。

根据联合国教科文组织教育统计局编写的《国际教育标准分类》(简称 ISCED)，我国目前积极发展的高等职业技术教育属于 5B 类型。5B 所设置的课程是“那些实用的、技术的、具体职业的课程”。5B 课程的“主要目的是让学生获得从事某个职业或某类专业所需的实际技能和知识——完成这一级学习的学生具备进入劳务市场所需的能力与资格”。对照这一标准，实用技术人才培养是高职院校的重要任务和培养目标，也是该专业满足企业职位条件要求的教学目标。

因此，该专业教学必须以课程改革为核心，以工作过程为导向，以联系实际为改革重点。

经过调查分析，居住建筑装饰设计工作过程大致为：与业主沟通—量房—方案设计—预算—合同签订—施工图绘制—施工等。以此工作过程为导向进行课程改革，对工作过程中的每一部分内容把握的弹性空间、课程与课程的连贯性，使课程与课程之间的相互支撑作用发挥出最佳状态，使学生顺利完成“从学校到工作的过渡”的转变。

1.2 居住建筑装饰设计的基本概念

1.2.1 居住建筑装饰设计的含义

居住建筑装饰设计是根据居住建筑的空间实用性、艺术性和个性特点(不同业主的个性特点)的要求,运用空间组合、比例、色彩、光景、材料等环境艺术表现手法,运用装饰部件、装饰图案等建筑语言和建筑施工技术,对居住建筑内环境进行总体安排和细部处理的方案。

居住建筑空间是家人生活、聚集、交流情感的场所,人们将有二分之一的时间在家中度过,设计师的责任和义务就是要为人们去创造一个温馨的家,创造一个合乎客户行为规范、生活方式、心理要求、风水习惯、文化取向、审美情趣、性格特征的高品质的居住空间,以上要求仅仅依赖于原居住建筑空间是远远不够的,这就要求设计师对原有建筑空间进行再营造,使其符合居住者多层次的综合需求,这样它才具有真正意义上的价值。

1.2.2 建筑装饰设计的程序与方法

1) 设计程序

正确的建筑装饰设计程序,是保证设计质量的关键,也是设计师必须掌握的内容之一。家装的设计程序相对简单,但作为初学者,有必要了解全面的设计程序。设计程序一般分为设计准备、方案设计、施工图设计和设计实施4个阶段(如表1-1所示)。

表1-1 建筑装饰设计程序

阶段	工作项目	工作内容
设计准备	调查研究	(1) 定向调查(建设单位意见、设计等级标准、造价、功能、风格等要求) (2) 现场调查(对建筑图、结构图、设备图与现场进行核对,同时对周围环境进行了解)
	收集资料	(1) 建筑工程资料(建筑图、结构图、设备图) (2) 查阅同类设计内容的资料 (3) 调查同类设计内容的建筑室内 (4) 收集有关规范和定额
	方案构思	(1) 整体构思形成草图(包括透视草图) (2) 比较各种草图并从中选定
方案设计	确定设计方案	(1) 征求建设单位意见 (2) 与建筑、结构、设备、电气设计方案进行初步协调 (3) 完善设计方案
	完成设计	(1) 设计说明书 (2) 设计图纸(平面图、立面图、剖面图、彩色效果图)
	提供装饰材料实物样板	(1) 墙纸、地毯、窗帘、纺织面料、面砖、石材、木材等实物样品 (2) 家具、灯具、设备等彩色照片
	编制工程概算	根据方案设计的内容、参照定额,测算工程所需费用
	编制投标文件	(1) 综合说明 (2) 工程总报价及分析 (3) 施工的组织、进度、方法及质量保证措施

续 表

阶段	工作项目	工作内容
施工图设计	完善方案设计	(1) 对方案设计进行修改、补充 (2) 与建筑、结构、设备、电气设计专业充分协调
	完成施工方案	(1) 提供施工说明书 (2) 完成施工图设计(施工样图、节点图、大样图)
	编制工程预算	(1) 编制说明 (2) 工程预算表 (3) 工料分析表
设计实施	与施工单位协调	向施工单位说明设计意图、进行图纸交底
	完善施工图设计	根据施工情况对图纸进行局部修改、补充
	工程验收	会同质检部门和施工单位进行工程验收
	编制工程决算	(1) 编制说明 (2) 工程决算表 (3) 工料分析表

2) 方法

从设计者的思考方法来看,居住建筑装饰设计方法主要有以下几点。

(1)功能定位、时空定位、标准定位

进行居住建筑装饰设计时,首先需要明确是何人使用的空间,明确人口、爱好、文化背景、生活习惯等特性,明确与之功能相适应的空间组织和平面布局,这就是功能定位。如图 1-1 所示为居住建筑装饰设计功能定位。

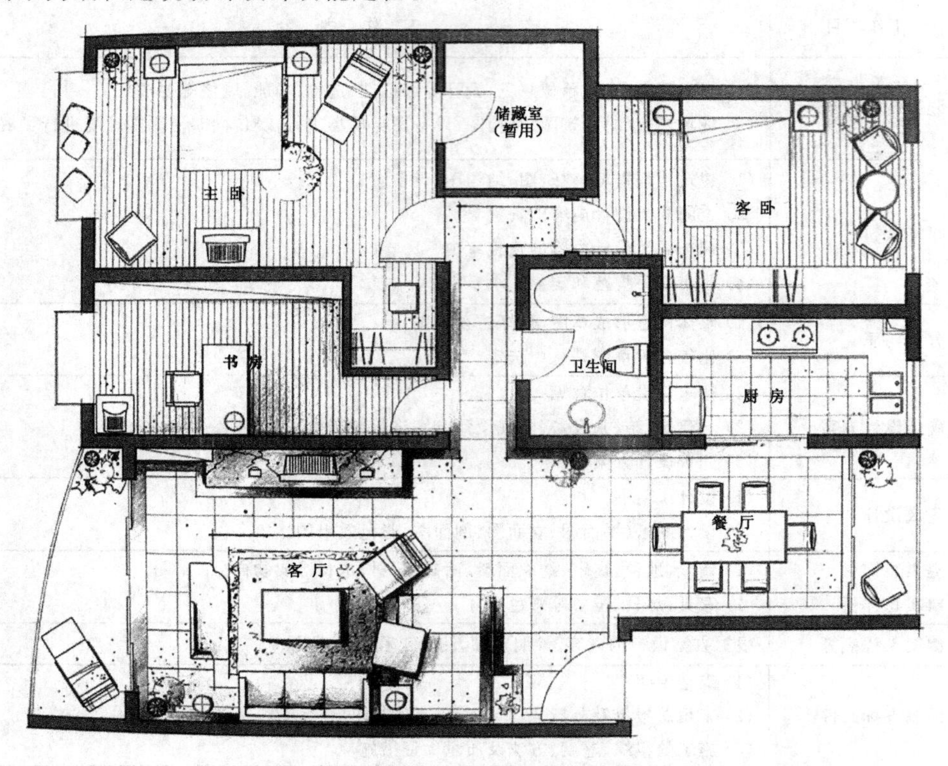

图 1-1 居住建筑装饰设计功能定位

时空定位是指所设计的空间环境应该具有时代气息和时尚要求，考虑所设计的居住环境的位置所在及所在的空间环境和地域文化等。

标准定位是指居住建筑装饰的总投入和单方造价标准，这涉及居住建筑装饰空间的规模，各装饰界面选用的材质品种，采用的设施、设备、家具、灯具、陈设品的档次等。

(2) 大处着眼、细处着手，总体与细部深入推敲

大处着眼是指在设计时思考问题和着手设计的起点就比较高，有一个设计的全局观念。细处着手是指设计时必须根据居住空间的性质，深入调查、收集信息，掌握必要的资料和数据，从最基本的人体尺度、人流动线、活动范围和特点、家具与设备等的尺寸着手。

(3) 从里到外、从外到里，局部与整体协调统一

居住建筑空间环境的"里"和与之相连的其他空间环境，直至建筑室外环境的"外"，它们之间有着相互依存的密切关系，设计时需要从里到外，从外到里多次反复协调，务必使其更趋完善合理。如图 1－2 所示为苏州博物馆新馆设计图。

图 1－2　苏州博物馆新馆

(4)意在笔先或笔意同步，立意与表达并重

"意"是指立意、构思、创意，"笔"是指表达。某项设计，立意与构思是极其关键的因素，缺乏立意与构思往往也就没了"灵魂"。因此，一般而言，应该"意"在"笔"先，只有具备了明确的立意与构思，才能有针对性地进行设计。但是产生一个独特的构思往往并不容易，需要足够的信息和充分的时间，需要设计者进行反复的思考与酝酿。因此在很多情况下，也可以笔意同步，边动笔边构思，在设计过程中使构思逐步明确与完善。如图 1－3 所示。"笔""意"同步的案例，设计师将第一时间脑海中闪现的灵感发映在纸上，对于细部不断推敲，使之更完善。

对于设计师来说，正确、完整又有表现力地表达出方案的构思和意图，使客户能够通过图纸、说明等，全面地了解设计意图，是非常重要的，所以图纸质量是第一关，图纸的表达是设计师的语言，一个优秀设计师内涵和表达应该是统一的。

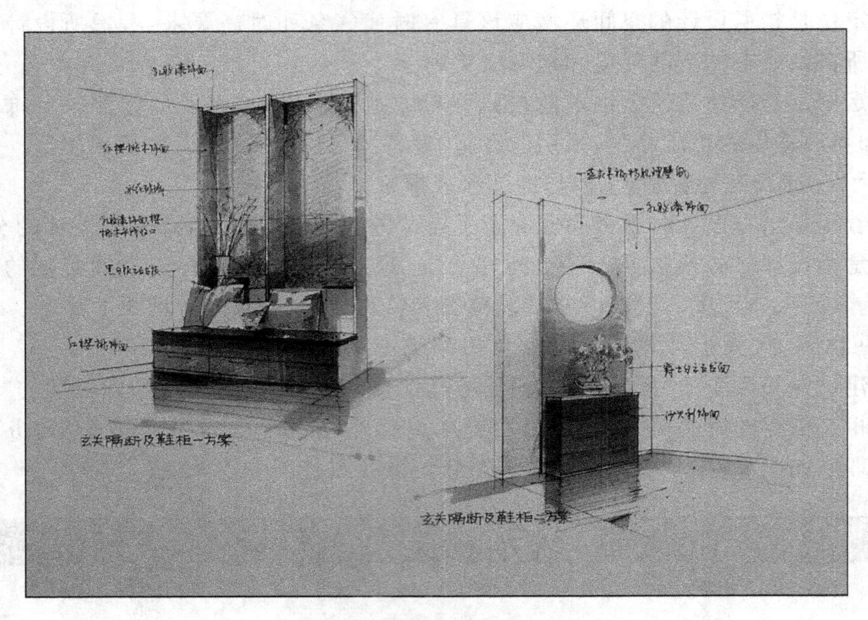

图 1-3 “笔”“意”同步的案例

1.2.3 居住建筑装饰设计的基本原则

居住建筑装饰设计的基本原则有以下几点：

①居住建筑装饰设计应遵循实用、美观、安全、经济的基本设计原则。

②居住建筑装饰设计时，必须确保建筑物安全，不得任意改变建筑物的承重结构和建筑构造。

③居住建筑装饰设计时，不得破坏建筑物外立面，若开安装孔洞，在设备安装后，必须修整，以保持原建筑立面效果。

④居住建筑装饰设计应在住宅的分户门以内的住房面积范围进行，不得占用公用部位。

⑤居住建筑室内设计时，在考虑客户的经济承受能力的同时，宜采用新型的节能型和环保型装饰材料及用具，不得采用危害人体健康的伪劣建材。

⑥居住建筑装饰设计应贯彻国家颁布、实施的建筑、电气等设计规范的相关规定。

⑦居住建筑装饰设计必须贯彻现行的国家和地方有关防火、环保、建筑、电气、给排水等标准的有关规定。

【知识拓展】

设计师最头疼的事情

每年都会有大量的设计师进入居住建筑装饰这个既充满诱惑又充满挑战的行业，年轻设计师是最辛苦最勤奋的，而最让他们头疼的不是工作的辛苦而是另外一个原因。每次接待客户时，尽管自己已经拿出了很多的方案，画了很多的图，但客户最后是否会签合同，一点把握也没有，他们所做的一切，最终的结果也许只是客户众多备选方案中又增加了一个数字而已。

因此对年轻设计师来说，“接单”是难度最大的事，也是最“头疼”的事。所以作为初学者，专业素质和非专业素质的积累都是至关重要的。

【实训提纲】

1）目的要求

通过实训练习，一是可以使学生掌握居住建筑装饰设计的一般程序以及设计方法；二是可以培养学生实践动手能力；三是通过动脑、动手这么一个过程，可以使学生真正将理论运用于实践，同时作品赏析的过程可以使学生在不知不觉中得到相关专业知识、文化内涵积累与熏陶，而且通过对成功案例的口头表述，可以锻炼学生的语言表达能力和心理素质。

2）实训项目的支撑条件

此项目主要利用图书馆资料、网上资源等，这些都是很容易具备的条件。

3）材料用具

纸、笔、图书馆资料、网络资源。

4）实训任务书

(1) 实训题目

就某一空间或某一造型"立意"进行徒手表现的练习与应用，另外对目前本专业成功案例进行欣赏并分析其优缺点。

(2) 作业要求

①对某一空间或某一造型进行"立意"，内容和寓意不限。

②通过"立意"进行徒手表达所"立意"的内容，可使用各种装饰元素、装饰符号，要求使用正确的徒手绘图方法。

③搜集相关居住建筑装饰设计的成功案例，进行赏析，分析该案例的优缺点。

(3) 作业内容

①上交一份"立意"表达图，并附立意说明书一份。

②利用两个学时的时间，让学生使用 PPT 软件对自己所赏析的案例进行口头分析表述。

(4) 考核方法

根据出勤情况、上交的作业质量、汇报情况等给学生作出优、良、合格、不合格的评价。

2 沟通技巧

【内容提要】

本章主要阐述作为设计师在不同的阶段与客户交流沟通过程中的方法与技巧，通过学习与有意识的实践锻炼，学生将对本项目的内容有全新的认识与全面地了解，并学会注重平时与人沟通能力的经验积累，掌握室内设计师在不同的阶段与人沟通的要点与技巧并运用于实践。

【教学目标】

● 了解并关注目前企业对于设计师沟通能力的重视。

● 熟练掌握不同阶段设计师与客户的沟通内容、步骤及方法，在出现特殊情况时知道如何去灵活处理。

在信息社会，沟通的方式从传统的点对点的沟通到现在的全方位、立体型的沟通模式的建立，为我们获得资讯信息提供了丰富的途径。设计师在沟通中因为职业角度定位等各方面因素，存在沟通的缺陷。与客户的沟通能力如今已被越来越多的装饰公司所关注，这样可以大大减少装修中矛盾的出现率。这同时也要求设计师不仅要会设计也要会与人沟通，这也在很大程度上影响着装饰公司的签单量，因此作为设计师，如何与客户建立有效的沟通，是一个长久以来一直困扰设计师的问题。所以说，设计师加强沟通技巧的主题学习和交流是非常有必要的，下面就从几个方面来谈谈与客户沟通的技巧。

2.1 不同阶段设计师与客户沟通的技巧

从某种程度上讲，居住建筑装饰设计是一门与人打交道的学问。做一单设计，设计师的实际专业投入充其量只有50%，而另一半则需要设计师极具耐心地与客户的交流和沟通来完成。

2.1.1 首次与客户沟通的技巧

1）与客户沟通的前提条件

（1）了解自己公司的状况

每一个客户在步入公司时都想了解公司的情况和实力，只有能够很熟练地回答客户提出的各种问题，才能初步取得客户的信任，否则容易被认为不够专业。一般应从以下几方面了解公司的状况：①公司规模的大小、施工的资质等级、收费的标准；②施工的工艺流程、施工的材料、设备、工艺水平；③公司的经营理念、经营特点、优势和劣势、获得的奖励和荣誉；④公司在媒体上所做的各种广告宣传情况，相关促销优惠政策以及配套服务情况；⑤同类竞争对手的设计与施工服务情况。

（2）工具准备

作为一名设计师，必须保证能随时把信息和资料准确地传递给你的客户，因此需要有相应的工具支撑：①电脑，手提电脑更好，携带方便，可以随时随地地与客户现场交流；②移动电话，档次适中；③传真机，公司一般都配备，有时家里也可配备一台；④名片，设计和印刷要独特和精致，能给人留下很深的印象；⑤精美的资料夹，主要用来收集一些成功的案例图片以及和客户的合影之类的，另外还可以收集一些精典的样板房图片、最新材料和设备以及现场施工细节的照片等，内容要翔实，能够吸引客户的注意并能产生好感；⑥备有各种流畅的笔（钢笔、彩铅、马克笔等），为随时徒手绘图做好准备。

(3) 营造融洽气氛

作为设计师，第一次面对客户时首先要创造融洽气氛，因为整体氛围对于人与人沟通能起到很大的推动作用。首先要有舒适的环境，例如与客户交流时一定要把客户安排在特定的洽谈区域；环境要整洁、有品位，同时不要忘记递上茶水，热情的招待比单纯的言语更能取得事半功倍的效果。整个过程要尽量避免让客户产生压抑的感觉，也就是说，在与客户沟通的过程中，说话的态度要比说话的内容更重要。

(4) 设计师的亲和力

作为设计师，首次与客户交流时，不是直接去推销你的设计理念，而是要把你自己推销出去，当然这种推销不是夸夸其谈地吹嘘自己，也不是过分地热情招待客户。首先，作为设计师着装要得体、大方而又不失品位（特别提醒女士要淡妆，男士宁愿保守也不要前卫，注意不要留太长的指甲和满脸的胡子、穿皱巴巴的衣服和脏兮兮的鞋子等），言行举止要体现出作为一名室内设计师应有的自信（而不是过分自我，目中无人），尽量在第一印象上让客户对自己产生充分的信任，失去这份信任，就意味着将失去这一单的业务。

(5) 照顾对方的理解力

与客户沟通的过程中尽量避免谈一些专业术语，因为隔行如隔山，有时对于专业的人来说是很简单的语言，而对于客户都有可能是很高深、很陌生的东西。与客户沟通时，要从简单基本的东西谈起，再谈到复杂的内容，如果谈了半天客户还是一脸的茫然，事情就会很麻烦。

2）首次沟通应围绕的内容

在首次与客户沟通的过程中，可以采用不同的方式围绕相关的内容进行，如表 2-1 所示。

表 2-1 设计师与客户首次沟通过程中应该围绕的内容

小区楼号________ 业主姓名________ 面积________ 联系电话________

序号	内 容	记 录
1	了解客户是否已拿到了所定新房的钥匙	
2	房屋的自然情况（包括地理位置、使用面积、物业情况、新旧房、是商品房还是福利房等）	
3	客户情况（客户职业、爱好、收入、家庭成员、年龄、特殊嗜好、生活习惯、特殊家私、避讳事宜、宗教信仰等）	
4	讨论家庭中的成员构成及各成员希望居住于哪个空间	
5	与客户讨论每间居室的功能与布局	
6	整体上喜欢什么风格（如中式、西式、古典的、现代的等）	
7	是否有喜欢或不喜欢的材料、颜色、造型与布局等	
8	准备选购的家具及原有家具的款式、材料、颜色	
9	现有或准备添置设备的规格、型号和颜色	
10	冰箱、洗衣机、电脑、电视、音响、电话等摆放空间是否有特殊要求	
11	预计投入的资金情况	

备注：有无其他特殊要求

评价：

3) 沟通形式

(1) 聊家常式

第一次与业主沟通不适合单刀直入地谈设计、谈理念，而应在融洽的气氛下，尽快取得对方的信任。通常以聊家常的形式让客户开口，向你倾诉，无形当中你就变成了能够给他帮助的人，他对你谈得越多，就证明他对你的信任程度越高，这对你以后设计时的帮助也就会越大。每个人都应该明白，与客户的接触(尤其是第一次的交流)就是心灵的交往，要用你的人格魅力征服他，取得他的信任，绝对不能过于现实(仅仅停留在方案上)。

(2) 问卷式

问卷式沟通形式有它的优点，即条理性强、问题明确，但它的缺点也非常明显，一问一答的形式，比较僵硬，这就需要设计师适时地展示一下自己的幽默感。谈话中要注意沟通和调节气氛，一定不能和客户谈到无话可说，这就需要设计师有灵活多变的能力，能够恰当地转移或提出新的话题(当然不是一些完全没边际的话题)，而且新的话题要让客户感觉很有必要和你交流。

与客户的首次沟通如果成功，对设计师后面设计的帮助具有举足轻重的作用，因为在融洽的气氛下，设计师在倾听的过程中，可以对客户有更多的了解，例如，客户的生活理念、个人品位、生活规律、子女情况、爱好、投入资金情况、房屋结构情况等，都可以帮助设计师针对客户的喜好做出让客户满意的设计方案。在这里作为设计师还要具备扎实的专业知识和经验以及良好的沟通、交流的技巧。

所以作为设计师第一次与客户沟通时，一般情况下，无论和客户谈什么，房屋也好、家具也好、工作也好，其目的都应该是如何利用第一次短暂的接触尽快地和客户成为朋友，取得客户的信任，这将起到事半功倍的效果。

2.1.2 现场与客户沟通的技巧

现场与客户沟通交流无疑是与客户沟通的最佳机会，现实空间中客户最容易把他想要的结果和最想达到的目的表达出来。

1) 针对建筑结构空间进行沟通

针对建筑结构空间进行沟通是指了解空间的结构如何、墙的性质(承重还是非承重，了解客户对于特殊墙体有无拆毁的想法)、梁的位置及尺寸(针对梁的概念与客户进行沟通了解，客户有无敏感或忌讳的地方并在相应的地方做出标记)(如图 2-1 所示)。

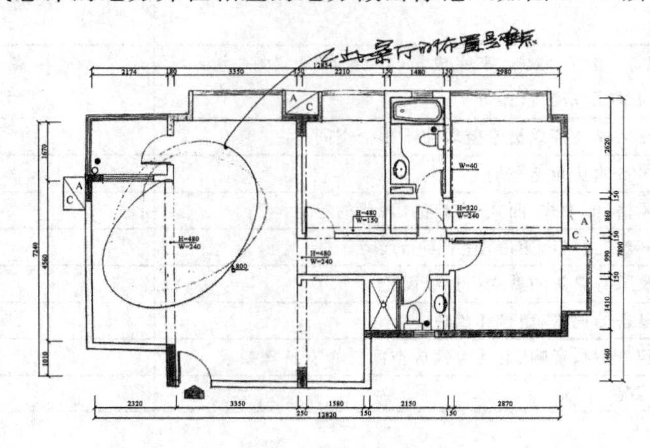

图 2-1 原始结构分析图

2）针对功能空间进行沟通

一般情况下在居住建筑装饰设计中，每一个功能空间在功能利用上没有太大的变动，但客户会存在很多小的设想，例如厨房原始的上下水口都是预留好的，合理程度暂时不谈，设计师一般在设计时都会考虑离预留上下水口近的地方进行布局，在这里要先与客户沟通，客户是否有特殊的想法、是否想改变上下水口的位置、是否想附加什么功能、是想设计为开敞厨房还是封闭厨房，对厨房和餐厅之间的连贯性有何想法、引水系统有何打算等。在与客户沟通的过程中，上述信息对设计师的帮助是非常大的，作为设计师要细心地将相关信息记录在原始图纸相应位置，如图 2－2 所示，将其作为方案设计时的第一手资料，其他空间依此类推进行沟通。

图 2－2 现场沟通过程

2.1.3 设计方案阶段与客户沟通的技巧

与客户谈设计方案，应遵循一定的步骤，因为每个方案无论大小，都是设计师对自己心中设计理论体系的阐述。

1）理论体系的阐述

所谓的理论基础是建立在前面与客户沟通的过程中设计师所洞察到客户某方面欣赏的角度，尽可能地满足其所能接受的或想要的风格。如果在某一方面想达到共识有一定的难度，那么就要想办法动用自己擅长的任何引导或说服手段来打动客户，使其能接受并喜欢设计师的理论，如功能至上、反对形式等，理论对于某些客户来说，需要时间考虑，因此该工作在见图前就应该进行，例如一个电话或见图前设计过程中的一次约见等，目的是使客户在见图前先提高认识，并有充分的准备来接受设计师的理念。

2）设计方案的沟通

(1) 沟通前的准备工作

设计师与客户进行方案沟通之前应做好相关的准备工作。获得客户大量信息后，熟练的设计师一般都会有一种大概的想法，根据客户的要求勾勒出平面草图和相关重点空间的透视图，如图 2－3、图 2－4 所示，再根据这些内容与客户进行沟通确定。此时，设计师必须对该居住空间的各方面都有全面的了解与掌握，如有不同的建议可以作进一步修改，这样就可以减少返工。

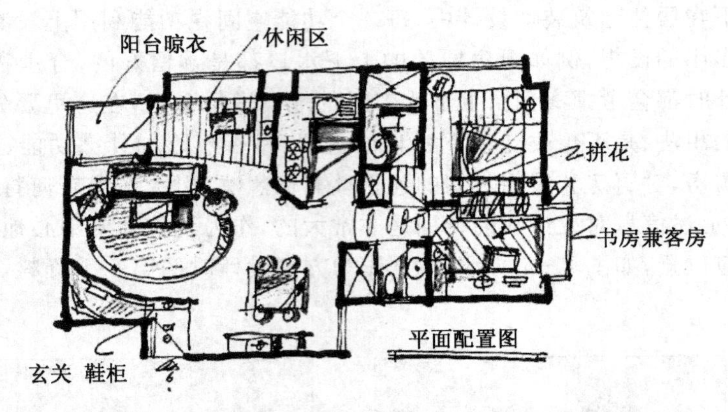

图 2-3　设计师利用徒手方法表达出方案的平面布局图

图 2-4　客厅透视图的徒手表现

(2) 方案沟通应围绕的内容与步骤

平面布局图需要设计师用很负责任的态度去讲述，因为对于一个居住空间来说，几乎90%的功能组成在这里表现最直观，同时也是很多客户最想先了解的部分。作为设计师在讲述时应注意它的系统性，内容如图 2-5 所示。方案沟通应围绕的内容主要包括：房子情况如何、客户情况如何等，根据这些内容设计师又是如何来处理的。

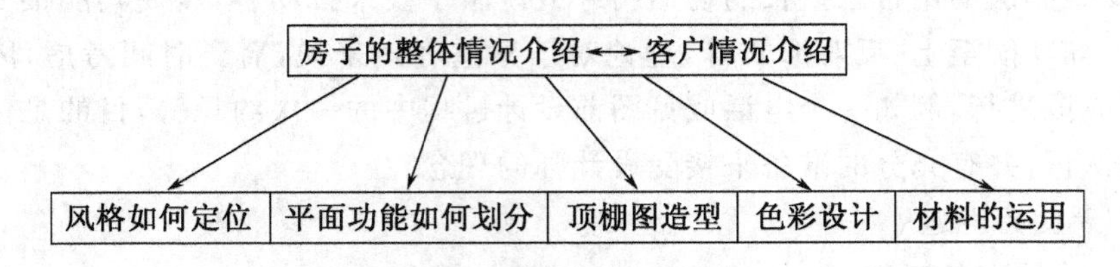

图 2-5　方案沟通时应围绕的内容与步骤

(3) 方案沟通过程中设计师应注意的事项

在讲述过程中设计师应注意观察客户的反应：①与客户沟通的过程中设计师应对客户感兴趣的地方或者精彩部分进行强调，如果客户不是很明白，对空间思维不是很强，设计师可以徒手勾勒出透视图，如图 2－6 所示，这样更加直观，可以吸引客户的注意，另外熟练的徒手绘图技巧能从侧面增加客户对设计师设计功底的信任度。②沟通过程中如果客户有不太满意或需要改动的地方，设计师一定要认真地在图纸的相关部位做好记录，这样一方面方便后续方案的调整，另一方面可让客户看到设计师认真的态度，从而增加对设计师的信任。切忌明知客户不喜欢的地方，还一味辩解，造成客户对设计师的信任度的降低。

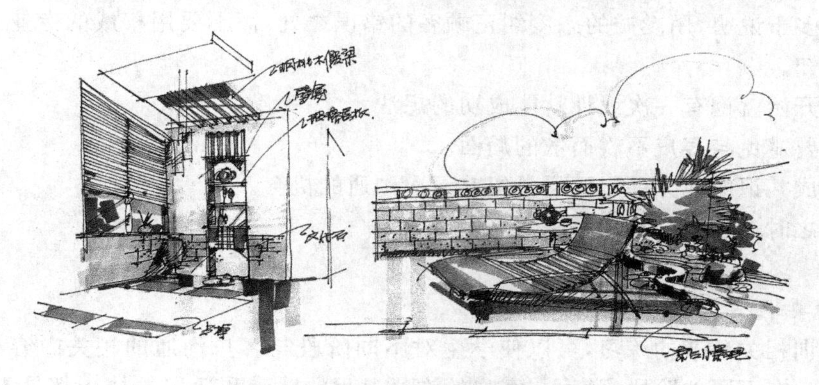

图 2－6　设计师徒手绘出空间的透视图

2.2　特殊情况下与客户沟通的技巧

居住建筑装饰工程的整个过程是非常烦琐的，会涉及很多的细节处理，而且很多环节需要相互连接，由不同的人来完成，因此说在这个过程中难免会出现这样或那样的问题，所以当遇到客户不满时，须从以下几个方面与客户进行沟通。

1）把握客户不满时的心理

一般情况下，如果客户有不满的情绪时，会在心理上希望有人聆听，得到尊重；受到认真地对待，并能立即见到行动；获得相应的补偿等。

2）持有积极的态度与客户沟通

遇到客户不满时，通过了解客户的心理可以从以下几个方面与客户进行沟通。

（1）首先应处理的是情感上的问题，即先处理心情，令客户感到舒适、放松，让客户发泄怨气。

（2）尽量离开客户接待区，注意对其他客户的影响。

（3）在与客户沟通的过程中表示理解和关注，并作记录，如有错误立即承认，明确表示承担替客户解决问题的责任，一同找出解决问题的办法。

（4）如果解决不了，必须及时请领导出面协助解决。

总之，设计师与客户的沟通能力要靠平时不断地积累，不仅要掌握与客户沟通的技巧，而且作为设计师要在各方面不断地提高自己，例如提高专业知识，这是为客户提供优质服务和解决问题的基础；提高相关知识，这是提高客户满意度、建立良好形象必不可少的支持；提高职业素养，不断培养和提高用正确的态度和方法有效地处理问题的能力，避免失误、减少错误。

【知识拓展】

与客户沟通过程中的禁忌主要有以下几点：

①不尊重客户，用冷漠态度对待客户。

②勿与顾客辩论，以防“赢了辩论，输了销售”。

③不要没有定方案就开始讨论造价。

④说服多于说明，用虔诚的态度纠正顾客的错误之处，而不要用权威的专业语言全盘否认客户的认知。

⑤不能开始就抱有一次设计就能成功的想法。

⑥一定要避免与客户不欢而散的局面。

⑦达不成共识的地方一定要尽量留有下次沟通的机会。

⑧必要之时请公司领导来缓解。

【实训提纲】

1）目的要求

通过实训相关环节的练习，可以使学生对不同阶段与客户沟通的相关内容有个全面的了解与掌握。在不同的阶段，学生与客户的沟通过程的感受和运用的技巧都是不同的，通过围绕沟通的内容进行沟通的过程，可以增加学生对此部分内容的理解。虽然与人沟通交流的能力是靠实践经验不断积累的，但有针对性的训练能起到很好的效果，可以让学生看到自己在沟通方面的优缺点，并在平时交流的过程中知道如何去积累，有针对性地培养学生作为设计师所应具备的亲和力。

2）实训项目支撑条件

此环节的实训项目训练可以结合后面的设计技巧的相关训练进行，设计技巧中有设计师收集资料阶段这一环节，资料收集的过程也就是与客户沟通的过程，因此该项目可以结合后续方案资料收集进行与客户沟通训练。

3）实训任务书

(1) 实训题目：与客户沟通模拟训练

根据自身相关有利条件选择客户，可以选择自己的老师、亲戚、朋友作为客户对象，那么寻找的过程同时也是与人沟通交流的过程。

(2) 作业要求

①自主寻找客户。

②围绕首次沟通的相关内容与相关客户进行沟通，方式技巧不限，能通过愉快顺利的沟通达到预期的目的，完成表 2－1 的内容。客户签字，并对该生作相关的评价，详见表 2－1。

3 量房技巧

【内容提要】

本章主要阐述作为设计师，在装饰设计之前对现场进行测量的方式、方法、测量步骤以及内容。通过本章的学习与实践，学生将会对居住建筑空间测量有个全面的认识。

【教学目标】

● 了解量房的概念、意义、标准及量房的工具。

● 掌握量房的步骤、方法及内容，能够运用正确的量房步骤以及测量方法熟练地进行量房。

设计师与客户沟通之后，就进入了量房阶段。设计师要到客户房子内进行实地测量，对房屋的各个房间的长、宽、高以及门、窗、暖气等的位置进行逐一测量。量房过程也是设计师与客户进行现场沟通的过程，设计师可根据实地情况提出一些合理化建议，与客户进行沟通，为以后方案的设计做好前期准备。

3.1 概述

3.1.1 量房的概念、意义以及标准

(1) 概念：量房是设计师所做的第二步，通常由设计师与助手参与，是对客户的房型进行具体的测量、记录的过程。

(2) 意义：如果量房准确，可以便于设计师进行合理的设计，可以算出精确工程量以及相应的预算，也可以使施工队能够进行严谨的施工，所以说量房的意义是非常重大的。

(3) 标准：量房的标准是准确、精细、严谨。

3.1.2 量房工具及步骤

1) 量房工具

量房的工具包括钢卷尺/皮尺、纸、笔(最好两种颜色，用于标注特别之处)、数码相机。

2) 量房步骤

不同设计师有不同的量房步骤，但只要能准确地测量出客户房屋的尺寸，就实现了量房的目的。在此，把量房步骤简单地归纳如下：

(1) 巡视所有的房间，了解基本的房型结构，对于特别之处要予以关注。

(2) 在纸上画出大概的平面图形(不讲求尺寸准确度或比例，这个平面只是用于记录具体的尺寸，但要体现出房间与房间之间的前后、左右连接方式)。

(3) 从进户门开始，一个一个房间测量，并把测量的每一个数据记录到平面图的相应位置上(如图 3-1 所示)。

图 3-1 每一个房间逐步详细测量

3.2 量房的内容

3.2.1 量房的方法以及相关内容

正确的方法对初学者来说可以起到事半功倍的效果，很多设计师在第一次量房时都会因自己的方法不正确或自己的疏忽大意而错量、漏量，到做具体方案时才会发现，而来回进行多次测量会浪费大量的精力，所以采用正确的方法和准确测量出相关内容至关重要。因此，在量房时应注意把握以下几点：

(1) 利用卷尺量出房间的长度、高度(长度要紧贴地面测量，高度要紧贴墙体拐角处测量)。

(2) 对通向另一个房间的具体尺寸进行再测量和记录(了解两个房间之间的空间结构关系)。

(3) 观察四面墙体，如果有门、窗、开关、插座、管子等，在纸上简单示意。

(4) 测量门本身的长、宽、高，再测量这个门与所属墙体的左、右间隔尺寸，测量门与天花板的间隔尺寸。

(5) 测量窗本身的长、宽、高，再测量这个窗与所属墙体的左、右间隔尺寸，测量窗与天花的间隔尺寸(如图 3-2、图 3-3 所示)。

(6) 按照门窗的测量方式把开关、插座、管子的尺寸进行记录(厨房、卫生间要特别地注意)。

(7) 要注意每个房间天花板上的横梁尺寸以及固定的位置。

(8) 按照上述方法，把房屋内所有的房间测量一遍。如果是多层的，为了避免漏测，测量的顺序为一层测量完后再测量另外一层，而且房间的顺序要从左到右。

(9) 有特殊之处用不同颜色的笔标示清楚。

(10) 在全部测量完后，再全面检查一遍，以确保测量的准确和精细。

图 3－2　窗户相关尺寸的测量

图 3－3　特殊细部的测量

3.2.2　注意事项

1) 量房的注意事项

(1) 了解总电表的容量,计算一下大概使用量是否够,如果需要大功率的电表则应提前到供电部门申请改动。

(2) 了解煤气、天然气表的大小,同样,若有变动需要提前到供气部门申请变动。

(3) 根据房型图(请注意,不是买房子的时候拿到的房型图,而是由物业公司提供的准确的建筑房型图),了解承重墙的具体位置。

(4) 了解进户水管的位置以及进户后的水管是几分管。

(5) 了解下水的位置和坐便器的坑位。

2) 房子现况对报价的影响

客户的住房状况对装修施工报价的影响也非常大,这主要包括以下内容:

(1) 地面:无论是水泥抹灰还是地砖的地面,都必须注意其平整度,包括单间房间和各个房间地面的平整度。平整度的优劣对于铺地砖或铺地板等装修施工单价有很大影响。

(2) 墙面:墙面平整度要从三方面来度量,两面墙与地面或顶面所形成的立体角应顺直,两面墙之间的夹角要垂直,单面墙要平整、无起伏、无弯曲。这三方面与地面铺装以及墙面装修的施工单价有关。

(3) 顶面:其平整度可参照地面要求。可用灯光试验来查看是否有较大阴影,以明确其平整度。

(4) 门窗:主要查看门窗中扇与框之间横竖缝是否均匀及密实。

(5) 厨卫:注意地面是否向地漏方向倾斜;地面防水状况如何;地面管道(上下水及煤、暖水管)周围的防水;墙体或顶面是否有局部裂缝、水迹及霉变;洁具上下水有无滴漏,下水是否通畅;现有的洗脸池、坐便器、浴池、洗菜池、灶台等位置是否合理。

以上几点是在量房的时候需要注意的，需在相应的位置标示清楚，以便在预算时作出相应的处理。

【知识拓展】

量房的费用

关于量房的费用，不同的装饰公司有不同的规定，有的收费、有的不收费，如果收费的话一般为100元/次左右。如果量房结束后，客户选择这家公司设计、施工，则量房费自动转化为订金的形式；如果只是单纯地量房，则量房费就作为设计师量房的费用，不予退还。

【实训提纲】

1）目的要求

一是，掌握量房的步骤以及测量方法；二是，培养学生动手能力；三是，通过学生自主寻找实训房源从侧面锻炼学生与人沟通的能力，培养学生作为设计师所应具备的亲和力。

2）实训项目的支撑条件

一是，在此项目前学生自主寻找某一居室（房屋大小不限）；二是，联系并利用校内企业或实习基地给予提供（作为辅助支撑）。

3）材料用具

钢卷尺、纸、笔、数码相机。

4）实训任务书

（1）实训题目：现场量房训练

（2）作业要求

①利用正确的方法和步骤进行现场量房。

②通过量房利用徒手绘图的方法现场绘制平面尺寸图。

③针对所测量的平面图分析所测房型的优缺点。

④利用CAD软件绘制出测量后的完整的建筑平面图。

⑤对现场量房过程进行拍照。

（3）作业内容

①上交一份利用徒手绘图的方法现场绘制的平面尺寸图。

②上交一份房型分析说明书。

③上交一份利用CAD软件绘制的完整建筑平面图。

④上交一份现场量房的照片（不少于4张）。

（4）考核方法

根据是否为自找房源、上交的作业质量、上课期间教师抽查的结果等给学生作出优、良、合格、不合格的评价。

4 整体设计技巧

【内容提要】

本章主要从居住建筑装饰的整体设计技巧方面进行阐述，包括客户背景资料收集、原始建筑结构及现场调查资料收集、居住建筑空间风格定位、色彩定位、材料定位、植物绿化定位、整体功能布局等内容。

【教学目标】

通过本章的学习，对居住建筑装饰设计中整体设计与定位技巧等相关因素进行分析、推断、归纳和整合，达到根据客户的相关资料综合分析、定位并能够运用理论进行实践的目的。

居室是家人生活、聚集、交流情感的场所，人们的绝大部分时间在家中度过，作为设计师的责任和义务就是要给人们去创造一个温馨的家，创造一个合乎客户行为规范、生活方式、心理要求、风水习惯、文化取向、审美情趣、性格特征的高品质的居室空间，以上要求仅仅依赖于原建筑空间是远远不够的，这就要求设计师对原有建筑空间进行再营造，因为居住建筑装饰设计只有符合人自身的诸因素而存在，它才能有真正意义上的价值。

4.1 资料收集

客户的背景资料一般是通过设计师在第一次与客户沟通的过程中获得的，具体的沟通方法与技巧详见第2章。收集客户背景资料的详细内容，如表4-1所示。

1）收集客户的背景资料

表4-1 设计师与业主第一次沟通过程中应该体现的内容

小区楼号：××小区12—2—202 业主姓名：杨先生 面积：135 m^2 联系电话：××××××

序号	内容	记录
1	了解客户是否已拿到了新房的钥匙	是
2	房屋的自然情况(包括地理位置、使用面积、物业情况、新旧房、购买还是单位分房等)	新房135 m^2，二楼采光可以，单位集资房
3	客户情况(客户职业、爱好、收入、家庭成员、年龄、特殊嗜好、生活习惯、特殊家私、避讳事宜、宗教信仰等)	三口之家；男女主人均为教师，男主人爱好书法、电脑；女主人爱好收集阅读各类书籍；收入为一般的工薪；没有什么特殊信仰
4	讨论家庭中人员构成及各成员希望居住于哪个空间	阳面卧室(一主卧、一儿童房)、阴面书房
5	与设计师讨论每间居室的功能与布局	对于每一空间客户都不想太拥挤，只要使用方便，空间布局合理就可以；整体空间统一，每一空间要有每一空间的格调
6	整体上喜欢什么风格(如：中式、西式、古典、现代等)	现代中式简约风格

续 表

序号	内 容	记 录
7	是否有喜欢或不喜欢的材料、颜色、造型与布局等	材料方面不想使用太多玻璃，考虑小孩的安全问题，造型不要有尖尖角角的东西
8	准备选购的家具及原有家具的款式、材料、颜色	主卧室、书房、餐厅暂准备选用南洋胡氏实木家具，儿童房暂准备选用我爱我家儿童家具，客厅暂准备选用顾家工艺家具，相关的图片准备提供给设计师
9	现有或准备添置设备的规格、型号和颜色	两台黑色壁挂电视（客厅、主卧）、白色空调、银灰色洗衣机、白色老款式冰箱等
10	冰箱、洗衣机、电脑、电视、音响、电话等摆放空间是否有特殊要求	冰箱想放在厨房、洗衣机想放在洗衣房、电脑放书房、儿童房预留网络插座（家里主要想使用无线网络）、电话（每一房间）、电视（客厅、主卧）
11	预计投入的资金情况	18万左右（包括家具、设备等）
备注（有无其他特殊要求）： 开关、插座要设计得很人性化，一些该预留的地方要进行预留，考虑双控开关，儿童与大人不同高度的双挡开关等。		

2）收集原始建筑空间资料

有时首次与客户沟通时他们就会提供建筑平面图，这样可以对建筑平面基本情况有大致的了解，如面积、房间分布情况是否合理等，如图4-1所示。

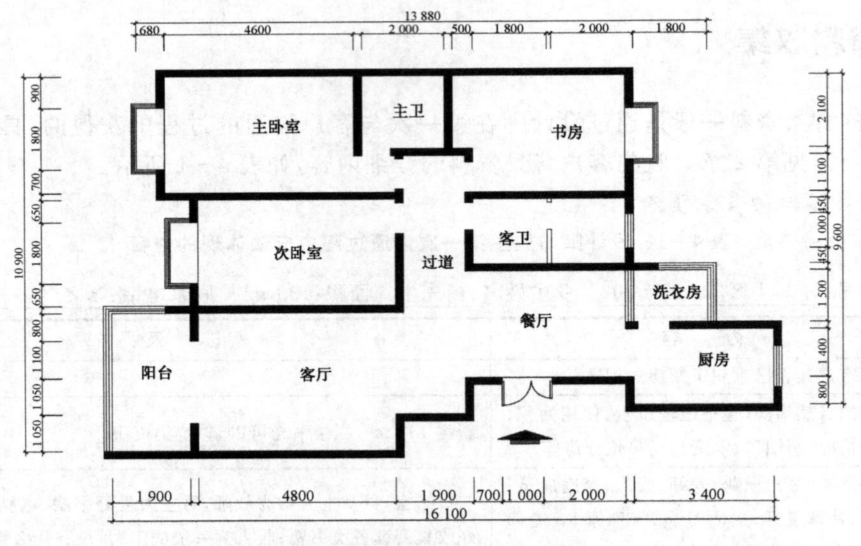

图4-1　房屋的原始建筑平面图（单位/mm）

3）现场调查

进行现场调查是非常必要的，不仅可以对建筑平面图中不确定的空间进行核实，而且还可以清楚明白空间的结构、梁的位置尺寸、厨房上下水的位置尺寸、烟道的位置尺寸、卫生间管道的位置尺寸等，如图4-2、图4-3所示。现场绘出平面图，把相应的内容记录在平面图的相应位置，如图4-4所示，这些资料是设计师非常重要的设计依据之一，另外有时设计师在现场调查的过程中还能够带来意想不到的设计灵感，特殊地方如何处理都会有大概的意向。

图 4－2　现场调查(1)

图 4－3　现场调查(2)

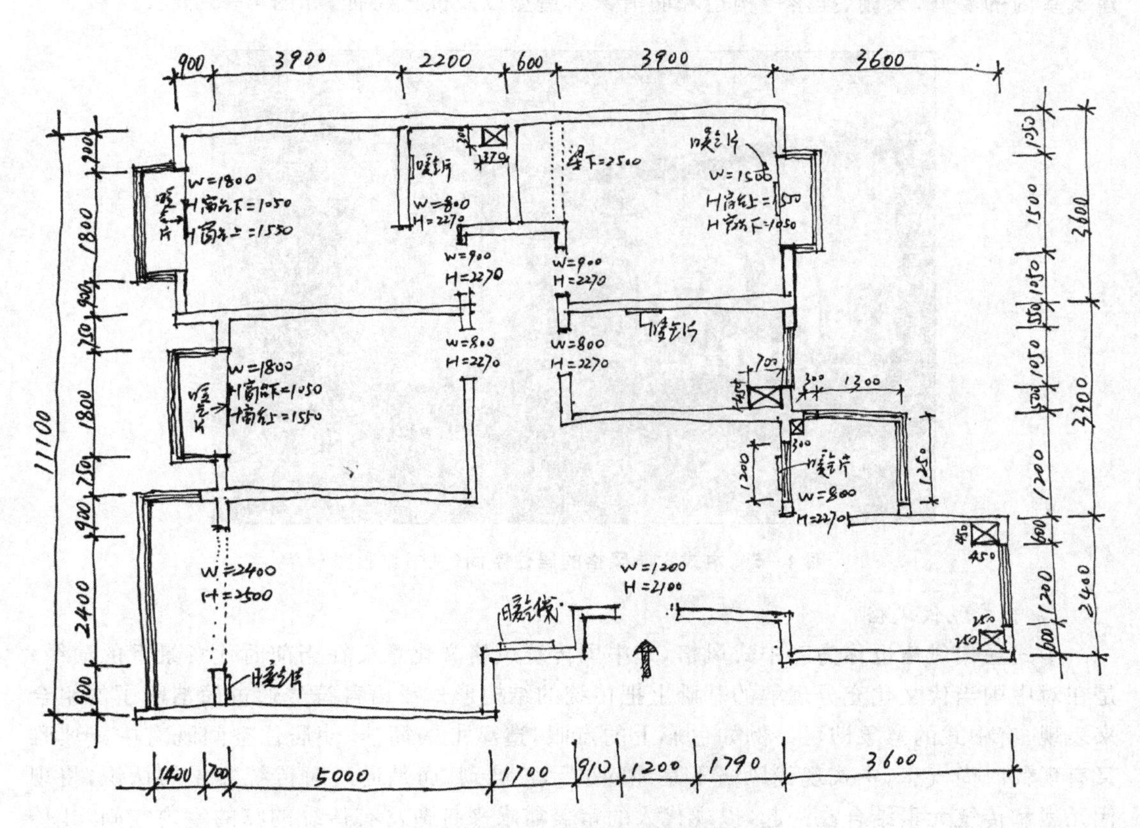

图 4－4　现场绘出的建筑平面图(单位/mm)

4.2 设计要素分析

资料收集之后，根据客户的相关资料和设想，设计师便开始对居住建筑装饰空间各要素进行分析和定位。

4.2.1 室内风格定位

风格即风度品格，体现设计当中的艺术特色和个性，不同的风格，有其不同的造型。室内风格可以说是业主的性格、个性、生活格调等多方面的综合反映。例如，有人喜欢自在、随和、无拘无束地生活，他的室内风格会是随意自然型的；有的人重视家庭传统和社会地位，喜欢庄严、稳重、典雅的设计，他的室内风格会是高雅传统型的；还有的人喜欢用室内空间营造个人风格，不拘小节，表现纯真、自我，他的室内风格则是浪漫型的。

1）中式古典风格

中国传统的室内设计风格融合了庄重与典雅双重气质，常给人以历史延续和地域文脉的感受。它使室内空间环境突出了民族文化渊源的形象特征，主要反映在室内布置、线形、色调及家具、陈设的造型等方面，吸取传统装饰“形”“神”的特征，例如，吸取我国传统木构架建筑室内的藻井、天棚、挂落等构造和明清家具造型以及款式特征，如图 4－5 所示。

图 4－5 中式古典风格的居住空间（见书前彩图）

2）中式现代风格

中式现代风格也称为新中式风格，是中国传统风格文化意义在当前时代背景下的演绎；是在对中国当代文化充分理解的基础上把传统的结构形式或语言符号通过简洁明了的组合来表现，有中式的意象即可。例如色彩上的点眼，造型上的简洁，使居住空间既有中式典雅又有现代时尚气息，中式现代风格不是纯粹的元素堆砌，而是通过对传统文化的认识，将现代元素和传统元素结合在一起，以现代人的审美需求来打造富有传统韵味的室内空间，让传统艺术特征的脉络传承下去，如图 4－6 所示。

图 4-6　中式现代风格的居住空间(见书前彩图)

3) 欧式风格

欧式风格泛指欧洲特有的风格,是传统风格之一,是指具有欧洲传统艺术文化特色的风格,根据不同的时期常被分为:古典风格(古罗马风格、古希腊风格)、中世风格、文艺复兴风格、巴洛克风格、新古曲主义风格、洛可可风格等。

一般来说,欧式风格会给人以豪华、大气、奢侈的感觉。

一般都通过罗马柱、阴角线、持镜线、腰线、壁炉、拱形式尖肋拱顶、梁托拱及拱券,顶部灯盘或者壁画等表现形式。

图 4-7　欧式风格的居住空间(见书前彩图)

4) 现代风格

现代风格主张从功能、实用出发,重视功能和空间组织,注重发挥结构构造本身的形式美,造型简洁,反对多余装饰,崇尚合理的构造工艺,尊重材料的特性,讲究材料自身的质地和色彩的配置效果。多采用最新工艺与科技生产的材料与家具,其突出的特点是简洁、实用、美观,兼具个性化。它通过具有节奏和形式感的新颖装饰来显现现代气质。设计上爱用变形、折叠等多种手法，在满足现代生活需要的同时，又强调艺术性，如图 4－8 所示。

图 4－8 现代风格的居住空间(见书前彩图)

5）田园风格

田园风格，倡导“回归自然”，在室内环境中力求表现悠闲、舒畅、自然的田园生活情趣。田园风格的用料崇尚自然，砖、陶、木、石、藤、竹……越自然越好，在织物质地的选择上多采用棉、麻等天然制品，其质感正好与乡村风格不饰雕琢的追求相契合，另外田园风格还巧于设置室内绿化，创造自然、简朴、高雅的氛围。无论是天花板上的木横梁、粗糙的器皿和盆栽植物，还是纹理粗犷的石材，都散发着质朴、恬静与清新的气息，田园风格设计中几大要素：①旧仿古砖；②天然板岩；③花色布艺；④百叶门窗；⑤藤草织物；⑥芳香花卉；⑦铁艺；⑧墙纸；⑨彩绘。如图 4－9 所示。

图 4－9 田园风格的居住空间(见书前彩图)

总之，要根据客户的各种背景资料进行风格的定位，有的客户会明确地提出要一个什么样的风格；有的客户在风格上很含糊，这就需要设计师在与客户沟通交流的过程中确定客户所喜爱的风格，并在设计之初进行风格定位。

4.2.2 色彩定位

在功能布局、风格定位都有了一定的通盘构思之后，就需要从整体构思出发，设计或选用室内地面、墙面和顶面等各个界面的色彩定位。根据整体构思和客户喜好，确定室内色调是冷色调还是暖色调，这就需要设计师把握好色彩的明度、纯度、调和色之间的对比程度。

1）色彩定位的6大基本要点

在色彩的定位过程中需了解色彩的6大基本要点：

①在同一空间里，主色宜采用1～2种为佳，不能超过3种以上，否则就会产生杂乱无章的感觉。

②在同一空间里，色彩要轻重搭配，不要全用深色，需要采用一些浅色作为调和色，如图4-10所示。

图4-10　统一空间中深浅颜色的调和（见书前彩图）

③不要使用比例均等的不同颜色，要有一个所占比重多的主色，其他的辅助色点缀，否则颜色会相互比拼，互争注意力。

④如果空间的阳光不足，不宜选用较深的颜色，以免显得阴沉，应采用较为鲜艳的色彩来增加生气，如图4-11所示。

图4-11　明亮颜色的运用（见书前彩图）

⑤如果空间的阳光过分充足，就不应选用鲜艳的色彩，因为阳光照射在鲜艳的色彩上，会有刺眼的感觉，所以应选较为深沉的颜色来吸收阳光。

⑥色彩设计时必须考虑到现有家具、窗帘、地毯的颜色，以求整体色彩的衬托作用。

2）色彩的知觉效应

由于人的感情效果以及对客观事物的联想，色彩对视觉的刺激会产生一系列的色彩知觉心理效应。

(1) 温度感

因为人们对色彩具有相应的心理反应，所以红色、黄色容易使人联想到太阳、火焰而感到温暖，这种让人感觉温暖的一系列色彩称为暖色系，如图 4－12 所示；青色、绿色易使人联想到海水、天空、绿荫而感觉到寒冷，这种让人感觉到寒冷的一系列色彩称为冷色系，如图 4－13 所示。

图 4－12　暖色调的居住空间(见书前彩图)

图 4－13　冷色调的居住空间(见书前彩图)

(2) 距离感

在整个色相环中，白色和黄色的明度最高，凸出感也最强；青色和紫色的明度最低，后退感最显著，但是色彩的距离感也是相对的，它与背景色有关系。

色彩的距离感以色相和明度影响最大，一般高明度的暖色系色彩感觉凸出、扩大，而低明度冷色系色彩感觉后退、缩小，如图 4－14 所示。

图 4－14 色彩距离感的体现，空间显得开阔(见书前彩图)

色彩的这种特性有时也称为诱目性，有时诱目性的程度还取决于它本身与其背景色彩的关系，如在黑色或中灰色的背景下，诱目的顺序是黄、橙、红>绿>青，在白色背景下的顺序是青、绿、红、橙、黄。各种安全及指向性的标志，其色彩的设计均考虑了诱目性这一特点。

(3) 重量感

色彩的重量感以明度的影响最大，一般是明度低的感觉重而明度高的感觉轻。在居住建筑空间中，为了创造一种安定、稳重的效果，宜采用重感色(如图 4－15 所示)；有时为了达到灵活、轻快的效果，宜采用轻感色。

图 4－15 为了取得庄重的效果，宜采用重感色(见书前彩图)

通常室内的色彩处理多是自上而下，由轻到重，但并不排除在特殊情况下的特殊使用。

(4) 疲劳感

色彩的彩度越强对人的刺激越大，会使人产生疲劳。一般而言，暖色系的色彩比冷色系的色彩疲劳感强，许多色相在一起，明度差或彩度差较大时，容易感到疲劳。因此在居住建筑空间色彩设计中，色相数不宜过多(如图 4－16 所示)，彩度不宜过高，但特殊环境还要特殊对待，灵活运用。

图 4－16　两种色彩的对比与调和，简洁明快(见书前彩图)

(5) 色彩的情感效果

色彩的情感效果在室内环境设计中起着重要的作用，它不仅可以美化生活，焕发人的激情，促进建康，还可以治疗疾病，这在住宅、教室、医院等室内设计中已得到广泛的应用，如图 4－17所示。

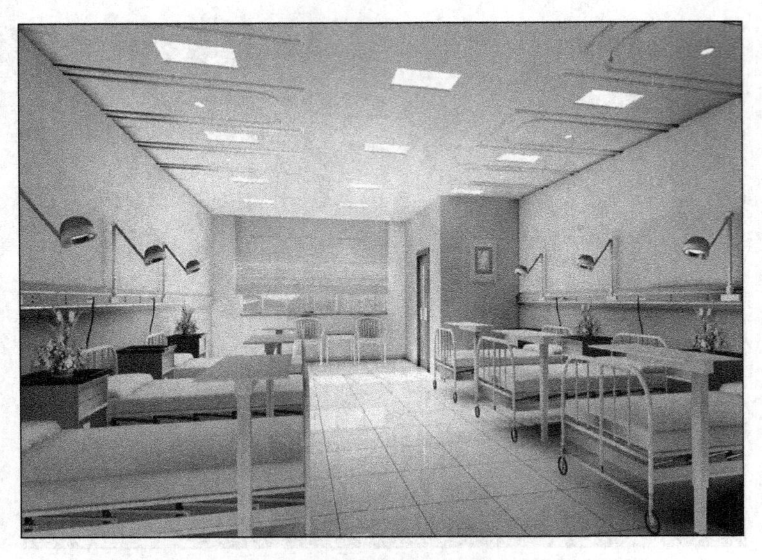

图 4－17　色彩在病房空间当中的运用(见书前彩图)

因此可以看出色彩的定位不是一成不变的，会因时、因地、因人、因事的不同而不同，需设计师灵活掌握。

3）色彩的象征性

色彩的象征性，是指因人对各种色彩的知觉特性的反应，对不同的色彩产生不同的联想，所以一般情况下色彩都有其象征性的含义。

①红、黑、金色系表示富贵庄重。

②红、白、金色系表示富贵华丽。

③蓝、绿、白色系使人联想到蓝天、森林、白云，表示清雅自然。

④咖啡、米黄、米白色系表示高雅、和谐、宁静、稳重。

⑤蓝、灰、银色系表示科技与空间，常称为太空时代。

⑥黑、白、木黄色系表示清逸凉朴与高尚别致。

⑦粉红、紫灰、米灰色系表示温馨活泼与快乐可爱。

通过以上分析可以看出，众多的因素都直接影响到居住空间色彩的定位，因此居住空间色彩定位既无统一标准，又无统一规定，需要设计师遵循色彩规律和特性，综合各种影响因素，并将本色的因素经过系统的分析来确定适合特定空间和特定人群所需的色调，切不可凭个人喜好来确定。

4）居住建筑装饰空间色彩定位的一般规律

色彩的表现力是十分丰富的，不同的家庭对各自的室内气氛有不同的格调要求。由于人们职业、地位、文化程度、社会阅历、年龄、性别、生活习惯等条件的不同，形成了千差万别的审美情趣，设计、创造出了各具特色的室内环境氛围。尽管如此，室内装饰中对于色彩的选择还是有一定规律可循的，即从居室的天花板、墙面、地面主方向统一构思考虑，从客厅、厨房、卫生间、卧室、阳台统一布局考虑，再从家具、陈设饰品数量、摆放统一安排考虑，确定一个主色调，其他饰物的颜色都要服从这一主色调。

选择墙面、地面、天花板色调时应根据居室的用途、面积，居住者的年龄、职业、爱好等，并综合主要家具陈设的色彩和拟订居室的总体色调。一般的，起居室宜典雅、大方；卧室宜宁静、温暖，避免大面积强烈的对比色，多用调和的同类色、邻近色；儿童房间可考虑儿童天真活泼的特点，适当运用鲜明的对比色和鲜丽的图案装饰。

（1）墙面

墙面选色要考虑空间的视感要求，一般偏于浅淡、轻柔的高明度色和中性色，如浅蓝、浅绿、米色、奶白等可使房间显得明亮、匀和而有开放感（如图 4－18 所示），过于花哨的墙面容易使人感觉紊乱、繁杂和产生视觉疲劳。

居室空间较小时，可选择一面墙安装镜子，利用光学幻觉来扩大房间面积、视觉空间；居室空间较大时，可安排一块较完整、光线较好的墙面作为重点突出的装饰面，采用鲜艳色调或配置一幅装饰画，以丰富色彩的表现力。

（2）地面

地面的色彩可稍深于墙面，一般不宜太鲜艳，同时与墙面“花”“素”恰当配合，如图 4－19 所示。

图 4－18 浅色系的墙面（见书前彩图）

图 4－19 地面与墙面恰当配合（见书前彩图）

(3) 顶棚

为使居室的天花板能增加室内的反射光，一般宜选用明度较高的白色、奶白色或米色，如图 4－20 所示。

(4) 家具

家具在居住空间中所占的比重较大，是室内摆设品的主体，家具的色彩与居室一定要协调，以求相映生辉，尤其是组合家具更要注意色彩的选择。具体而言，卧室的家具以浅色淡雅为宜，儿童居室的家具，应以对比色为主调，色彩宜鲜明活泼；较小或较暗的居室，最好选用浅色和白色的家具，可给人以宽敞明亮之感，如图 4 - 21 所示。

图 4 - 20　室内白色系的运用(见书前彩图)

图 4 - 21　浅色系配淡雅的家具(见书前彩图)

(5) 软装饰

地毯、窗帘等室内纺织品可以是室内的点缀色，室内陈设的字画、壁挂、器皿等所形成的彩色斑点，则是居室总体色彩的补充和点缀，如图 4 - 22 所示。

图 4－22　软装饰在居住空间中的点缀作用(见书前彩图)

总之，色彩的定位要以不同职业、不同爱好、不同年龄的居住者的要求为依据，如老年人适合具有稳定感的色系，沉稳的色彩也有利于老年人身心健康(如图 4－23 所示)；青年人适合对比度较大的色系，让人感觉到时代的气息与生活节奏的快捷(如图 4－24 所示)；儿童适合纯度较高的浅蓝、浅粉色系；运动员适合浅蓝、浅绿等颜色，以解除兴奋与疲劳；军人可用鲜艳色彩调剂军营的单调色彩；体弱者可用橘黄、暖绿色，使心情轻松愉快。

图 4－23　稳重、典雅的色彩体系(见书前彩图)

图 4-24　温馨、浪漫的色彩体系(见书前彩图)

4.2.3　材料的定位和选用

装饰材料品牌样式繁多，就是同一种材料也分各种等级，因此材料的定位和选用也是一门学问，主要依据有：①资金情况，预投入资金的多少影响设计师决定采用哪种档次和价格的装饰材料；②风格定位，不同的材料体现出的色彩、质地、肌理效果是不同的；③空间性质，特殊空间对装饰材料有无特殊的要求，例如卫生间地面在材料的选用上不仅要考虑到地面材料的色彩、纹理、规格等，还要考虑卫生间的防滑要求。

1）室内常用装饰材料的种类

①吊顶材料：无水汽的空间常用石膏板、三夹板、各种饰面材、石膏顶角线、木制顶角线；有水汽的空间常用 PVC 扣板、铝合金板等。如图 4-25、图 4-26 所示。

图 4-25　石膏板结合玻璃吊顶(见书前彩图)

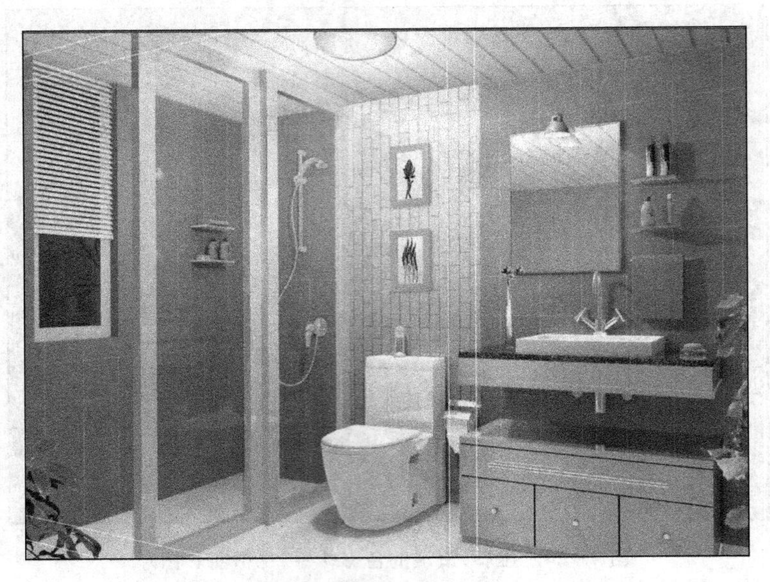

图 4－26　卫生间采用了铝扣板吊顶(见书前彩图)

②墙面材料：一般墙面采用乳胶漆、肌理漆、金属漆、墙纸、各种饰面板、局部使用文化石或人造石等，厨房、卫生间采用便于清洁的墙砖、各种艺术玻璃，如图 4－27、图 4－28 所示。

图 4－27　墙面墙纸的利用，增加了空间材料肌理的对比(见书前彩图)

图 4-28 彩色乳胶漆的使用，形成白色乳胶漆与黄色乳胶漆的对比（见书前彩图）

③地面材料：实木地板、复合地板、多层复合地板、大理石、地砖、地毯（如图 4-29、图 4-30所示）。

图 4-29 客厅地面地砖的使用（见书前彩图）

④橱柜材料：防火板、亚克力板、人造石板、大理石板等，如图 4-31 所示。

2）居住建筑空间中各功能空间的材料定位

定位要点在此略去，具体内容详见第 5 章深入设计技巧。

总之，居住空间装饰设计在材料的选择方面不仅要考虑材料的质量、色彩、质地，还要考虑到客户预投入资金的情况，因此在进行材料的定位与选用时要综合考虑。

图 4-30　卧室实木地板的使用(见书前彩图)

图 4-31　橱柜石晶石台面的使用(见书前彩图)

4.2.4　灯饰的定位与选择

良好的通风和采光为人们提供了健康、舒适的室内空间环境，在自然采光不能满足各种居住活动需要和更好地营造空间艺术氛围的情况下，人工照明设计成为居住建筑装饰设计的重要内容之一。因为它不仅是自然光的延续，还能通过明暗搭配、光影组合营造出舒适与优美的氛围。

1) *居住空间灯光布置的基本要点*

①光线必须足够保证室内空间各项活动在安全的情况下进行。

②节省电能是必要的考虑因素。最好的省电方法莫过于利用自然光，因此灯饰的设置也应与之配合。设计时要先了解家具的方位，窗户的位置和大小，以及日间光照情况。若采用可调明暗的灯饰，则可兼顾夜间照明和补足日间自然光源不足两种需求。

③依据安全用电的规则安装使用。

④避免眼睛直接接触强烈光线产生刺眼等不舒服的感觉。

⑤决定灯光的用途或照射的目标物，以使在节能的同时达到预期的效果。

⑥留意灯光所造成的阴影，虽然能制造美感，但亦会造成奇异光线，以致发生意外。

⑦应先决定摆设位置，再设计灯光照明的位置。

⑧灯饰亦需要考虑陪衬家具的款式，如仿古家具就应陪衬有点古典味道的灯饰。

2）常用照明灯具

①吸顶灯：直接安装在天花板上，能将灯光大部分投射或扩散到地面和空间中，所以，多用于主要照明，如图 4－32 所示。

图 4－32 卧室内吸顶灯的运用（见书前彩图）

②吊灯：是由天花板直接垂吊的灯，有固定式和伸缩式两种，其灯罩对光线的散发有很大的影响，常用于客厅和餐厅，如图 4－33 所示。

图 4－33 客厅吊灯的运用（见书前彩图）

③筒灯：将灯具全嵌或半嵌于吊顶天花板内的灯。筒灯本身隐藏于天花板内，不易看出，所以不会影响整体设计的美观和均衡的照明，适用于客厅、餐厅，如图 4 - 34 所示。

图 4 - 34　客厅筒灯的运用(见书前彩图)

④导轨射灯：将射灯安装于固定轨道上的灯，能随意调整距离，并照射到墙壁上的挂饰或画，能起到极佳的效果，如图 4 - 35 所示。

图 4 - 35　休闲区导轨射灯的运用(见书前彩图)

⑤壁灯：将灯具直接固定在墙面上，而不同的灯罩设计，所产生的光线效果亦不同。

⑥台灯：将灯具放置在书台或茶几上(如图 4 - 36 所示)。它的功能有：①作为照明灯光，供阅读之用等；②作为空间营造气氛之用。

图 4－36　客厅空间台灯的运用(见书前彩图)

⑦落地灯:将灯具放置于地面上的灯,它可以近距离照射所需光线的空间,特别适合阅读和做细致工作之用,如图 4－37 所示。

图 4－37　餐厅落地灯的运用(见书前彩图)

⑧特色效果灯:它是运用特殊的镜片来营造多种变化的图案或色彩,以表达特殊灯光效果的灯,一般用作营造特殊气氛之用。

3) 室内照明的方式

室内照明一般有整体照明、局部照明和混合照明三种方式。

常用室内照明方式一般是将照亮全房间的整体照明与照亮局部范围的局部照明相结合。作为主体照明的灯具,一般选用吊灯、台灯、床头灯、落地灯、投射灯等。

(1) 整体照明

整体照明是指对整个室内空间进行照明的一种方式,又称主体照明。因为这种方式仅作为基本照明,所以功率不必很大。在选择主体照明时,一间 15 m^2 的房间只需一只60 W的白炽灯或一只 40 W 的日光灯即可。面积不超过 20 m^2 时,不宜采用较大灯具。若层高不足 2.8 m,不宜使用吊灯,特别是下悬式水晶大吊灯。若采用吊灯,则灯具底与地面距离应保证在 2.3 m 以上,否则宜使用吸顶式灯具。

居住空间内通常都是以一只功率较强的灯作为主要光源，将整个空间照亮。例如，客厅、餐厅及卧室中的天花灯等。但是，中央灯光会令房间产生一种沉闷及单调的气氛，欠缺变化，难以营造美感，优点是节省灯饰数量，如图 4－38 所示。

图 4－38　客厅空间中整体照明的运用(见书前彩图)

(2) 局部照明

局部照明不仅可以使室内美观，而且可使室内看起来显得宽敞，最重要的是可以使局部达到所需要的光照强度，如图 4－39 所示。例如厨房照明，根据美国照明工程协会的照明标准，厨房操作台面照度应达到 500 lx。如果厨房天花只用一只 60 W 的灯泡，光源到台面的距离约 1.83 m，那么操作台面的照度只有 150 lx。如果要使台面照度达到 500 lx，则即使采用 200 W 的天花灯也仍然不够。这时，如果在吊柜底下安装灯槽，就只需用一只 40 W 的灯泡即可达到标准，因为其离工作台面只有 0.5 m。这就说明，整体照明有时不但不美观，而且也不实用。这就是为什么需要局部照明的理由。

图 4－39　局部照明的使用(见书前彩图)

(3) 混合照明

混合照明是现代居室中普遍采用的形式。人们不再希望仅靠一盏灯(主体照明)把室内照得亮堂堂,而是根据室内空间使用要求,在沙发旁、壁龛内、书柜旁大量使用台灯、壁灯、落地灯、筒灯(局部照明),利用射灯对画、花、工艺品进行重点照明,使室内明暗层次丰富,产生多重空间效果。这样的灯饰布置效果,既能满足使用要求,又能渲染出神秘、含蓄、宁静、高雅的气氛,如图 4-40 所示。

图 4-40　混合照明的使用(见书前彩图)

混合照明的优点是每一个空间都能营造出独特的气氛效果,亦能柔化平凡单调的空间布置;缺点是耗电量较大和需要购买的灯饰较多。

总之,为了提高空间环境的舒适性,保持适当的空间亮度水平和对比非常重要。在设计过程中还应注意不同的空间环境需要不同的光线色调,不同年龄阶段的人群对照度要求也不尽相同,需综合考虑、灵活掌握。

4.2.5　绿化的定位与选择

随着人们生活水平及文化素养的不断提高,对日常生活、工作的室内环境的要求也越来越多。恰当的绿化装饰会使室内环境高雅、清新,并能起到任何物品起不到的装饰效果。植物不仅能改善室内环境,同时也能展现出一种时代风貌和精神文化需求。

1) 植物的作用

居住空间装饰设计最终结果是由多种形式表述的,不仅是建筑设计、家居饰品,绿化也是室内设计中重要的形式和组成部分。它利用植物材料、园林技法及构成语言,有组织、有秩序、科学地将生动鲜活的植物移入室内,协调人与环境的关系,拉近了文明与自然的距离,是人们生活中不可缺少的组成部分。

(1) 空间过渡与延伸

居住建筑的室内空间室外化是居住建筑装饰设计最有效的表现手法之一。将绿化植物置于室内,使室内的部分空间兼有外部空间的因素,可拉近室外空间与室内空间的距离,达到内外空间的过渡与延伸;既增加了人与自然的亲近感,又扩展了视野,增加了空间的开阔感，使有限的室内空间得到延伸和扩大。例如，在窗边放置绿色植物（如图 4－41 所示），在棚梁上悬吊植物，在临近花园的阳台摆放花卉（如图 4－42 所示），在大厅等处放置花卉等都能将室外的感觉连贯至室内，起到延伸空间的作用。

图 4－41　窗台的吊兰（见书前彩图）

图 4－42　阳台植物布置（见书前彩图）

①空间导向：由于绿化植物形态生动鲜活、颜色艳丽，能吸引人的注意力，因此，有目的地在空间内摆放植物具有一定的指示和导向作用。

②分隔作用：室内空间的分隔方式是多种多样的。绿色植物是一种自然而巧妙的分隔方式，既能保持空间的各自功能，又不会失去空间的开敞性和完整性，是一种灵活的空间分隔方式。

③柔化空间：现代空间大部分由直线、直角及几何体构成，形体简单、材质坚硬，时尚但过于冷漠。利用绿色植物装饰空间，可以减弱建筑物的冷漠感。植物具有自然优美的形态、绚丽的色彩、细腻的质感、芳香的气味，不仅能弥补空间的不足，而且还可以赏心悦目，增加建筑与人的亲和力。

(2) 植物"净化器"的作用

现代居住建筑空间的装饰材料很多对人体是有害的，无形之中污染着人们的生活空间。绿色植物此刻就发挥出了净化空气、杀菌、消尘和调节温湿度的作用，在室内养虎皮兰、龟背竹、一叶兰等大叶观叶植物能吸收室内 80%以上的有害气体，堪称"治污能手"。

据报道，茉莉、玫瑰、桂花等植物能抑制结核杆菌、肺炎球菌、葡萄球菌的生长繁殖，居室绿化较好的家庭，空气中的细菌可降低 40%左右。

吊兰能在新陈代谢中把致癌的甲醛转化为天然的物质，还能分解复印机和打印机排出的苯，吞噬尼古丁。据统计，在绿化较好的家庭中，植物体的气孔、纤毛吸附灰尘的作用表现明显，可减少室内 20%～60%的尘埃，置于窗前的绿化植物有阻隔窗外噪音的作用，枝叶茂盛、叶片宽大的植物还能明显地遮挡阳光，吸收辐射，植物的蒸腾作用又有调节室内湿度的作用。所以说，室内绿化植物是名副其实的室内空气"净化器"。

2) 居住空间中常用植物的识别

居住空间中观赏植物的种类很多，根据观赏对象的不同，可将其分为观叶植物、观花植物、观果植物等。

(1)观叶植物

①观叶植物的主要观赏特征如下：

a. 叶的大小。观叶植物叶形变化丰富，叶大可达 1 m 以上，如海芋（图 4－43）、芭蕉等，叶细小的不足 1 cm，如天门冬、文竹（如图 4－44 所示）。

图 4-43　海芋(见书前彩图)

图 4-44　文竹(见书前彩图)

b. 叶的形状。观叶植物的叶形状各异，主要有线形叶(葱兰、中国水仙)、椭圆形(椒草、橡皮树)、多角形(常春藤、鹿角蕨)、心型(绿萝、景天)等。

c. 叶的色彩。许多观叶植物叶片上具有艳丽的颜色、斑纹和斑点(变叶木、常春藤、花叶芋)等。

②常见的观叶植物主要有以下几种：

●海芋(图 4-43)：多年生草本。植株高达 3 m，茎粗短，内多黏液，皮为茶褐色；叶片为巨大盾形，叶面绿色；佛焰苞黄绿色，肉穗花序，粗而直立。性喜高温高湿，喜半阴，忌强光直射；宜疏松肥沃、排水良好的土壤。冬季室温不得低于 15℃。栽培容易，管理粗放。

●春羽(图 4-45)：别名羽裂喜林芋。茎粗壮直立而短缩，密生气根；叶聚生茎顶，叶片浓绿色，宽心脏型，厚革质，羽状全裂。原产于巴西，喜高温高湿，稍耐寒；喜光，极耐阴，生长缓慢；越冬温度 5℃，生长季节要充分浇水，叶面要经常喷水，保持高的空气湿度，不宜大量施肥。

图 4-45　春羽(见书前彩图)

图 4-46　绿萝(见书前彩图)

●绿萝(图 4-46)：别名黄金葛，多年生常绿藤本植物。茎具气生根，茎长可达 10 m 以上；盆栽多为小型幼株，叶卵状至长卵状心形，叶片鲜绿或深绿色，表面有浅黄色斑块，质具光泽。喜高温、潮湿环境，耐阴，稍耐寒，生长适宜温度 18℃～25℃，冬季室温不低于 10℃，盆土以疏松富含有机质的土壤为好。该植物是吸收甲醛的好手，而且具有很高的观赏价值，蔓茎自然下垂，既能净化空气，又能充分利用空间，为单调的柜面增加活泼的线条、明快的色彩。

●变叶木(图 4－47):别名洒金榕,株高 1～2 m,光滑无毛,叶互生,厚革质,叶形多变;有宽叶类、细叶类、长叶类、扭叶类、角叶类、戟叶类等;叶片变化丰富,有绿、黄、红、紫、青铜、褐色等。花斑五彩缤纷。性喜温暖、湿润,不耐寒,喜强光;夏季需温度 30℃以上,冬季白天保持 24℃～27℃,夜间不低于 15℃,气温低于 15℃容易落叶;宜肥沃、保水好的土壤。

图 4－47　变叶木(见书前彩图)

图 4－48　玉簪(见书前彩图)

●玉簪(图 4－48):别名玉春棒,多年生草本,株高 40 cm,叶簇生,具长柄,叶片卵形至心状卵形,基部心型,弧形脉,花期 6～7 月,花白色,芳香袭人;性强健,耐寒,喜阴湿,忌强光照射。土壤以肥沃、湿润、排水良好的沙质壤土为宜;发芽期及花前可施少量磷肥及氮肥。

●发财树(图 4－49):别名马拉巴栗,木棉科常绿小乔木。枝条轮生,幼枝淡绿色,树干基部浑圆肥大,细枝可缠绕成麻花辫状;掌状复叶,叶片为长椭圆形或倒卵形,翠绿色;喜温暖、湿润气候,耐干旱不耐寒;生长适温 15℃～30℃。盛夏每天浇水一次,春秋两季 2～3 天浇水一次,保持盆土的均匀湿润,喜酸性土壤,怕积水。释放氧气,吸收二氧化碳,适合生长于温暖湿润及通风良好的环境,喜阳也耐阴,管理养护方便。

图 4－49　发财树(见书前彩图)

图 4－50　散尾葵(见书前彩图)

●散尾葵(图 4－50):株高可达 8 m,叶片羽状全裂,大型,舒展;先端柔软,叶柄稍弯曲,叶片亮绿色。性喜高温潮湿，极不耐寒，喜半阴，适合生长温度为25℃左右，夜间15℃以上，不低于5℃。生长季节保持盆土湿润和高空气湿度，夏天每天浇水两次，并经常向叶面喷水或擦洗叶面；喜疏松、肥沃、排水良好的土壤。其绿色的棕榈叶对二甲苯和甲醛有十分有效的净化作用。

●龟背竹(图4-51)：别名蓬莱蕉。多年生常绿大藤本，茎粗壮，有气根；叶大互生，厚革质，上面有深的羽裂及长椭圆形孔洞，叶片表面暗绿色，背面为淡绿色，雌雄同株，夏季开花。性喜温暖，湿润，不耐寒；喜光，也很耐阴，忌阳光直射，忌干旱。越冬温度10℃，低于5℃有冻害。生长适温22℃～26℃，要求有较高的土壤湿度和空气湿度。

图4-51　龟背竹(见书前彩图)

图4-52　常春藤(见书前彩图)

●常春藤(图4-52)：常绿藤本。茎蔓可长达30 m，有气根；叶形变异大，伞形花序单生或聚生成点状花序，花小，淡黄色。性喜温暖湿润，耐阴，较耐寒。生长适温20℃～25℃，春夏生长季节，应注意浇水和叶面喷水。对土壤要求不高，冬季室温不可过高，3℃～15℃即可，能有效抵制尼古丁中的致癌物质。

●肾蕨(图4-53)：多年生草本。株高30～40 cm，地下具根状茎，包括短而直立的茎、匍匐茎和球形块茎三种。直立茎的主轴向四周伸长形成匍匐茎，从匍匐茎的短枝上又形成许多块茎，小叶便从块茎上长出，形成小苗。肾蕨没有真正的根系，只有从主轴和根状茎上长出的不定根。叶呈簇生，披针形，浅绿色，近革质。肾蕨四季长绿，形似羽毛，人见人爱。性喜温暖、潮湿和半阴环境，忌阳光直射。生长适温22℃左右，夏季高温时要充分浇水，保持较高的空气湿度和良好的通风条件，冬季停止向叶面喷水，5℃以上可安全越冬；要求肥沃的富含腐殖质且排水良好的土壤。

图 4－53　肾蕨(见书前彩图)

图 4－54　龙舌兰(见书前彩图)

●龙舌兰(图 4－54)：多年生常绿植物，植株高大，叶色灰绿或蓝灰，叶缘有刺，花黄绿色。喜温暖、光线充足的环境，耐旱性极强。该植物也是吸收甲醛的好手。

●虎尾兰(图 4－55)：虎尾兰又称虎皮兰、千岁兰，为百合科多年生草本观叶植物，叶簇生，剑叶直立，叶全缘，表面乳白、淡黄、深绿相间，呈横带斑纹。它是常见的家庭盆栽品种，耐干旱，喜阳光温暖，也耐阴，忌水涝。其可有效吸收室内 80％以上的有害气体，吸收甲醛的能力较强。

图 4－55　虎尾兰(见书前彩图)

图 4－56　芦荟(见书前彩图)

●芦荟(图 4－56)：多年生常绿多肉植物。茎节较短，直立，叶肥厚，多汁，披针形。喜温暖、干燥气候，耐寒能力不强，不耐阴。它不仅是吸收甲醛的好手，而且具有较强的药用价值，如有杀菌、美容的功效。现在已经开发出不少盆栽品种，具有很强的观赏性，是用于装饰居室的佳品。

●吊兰(图 4－57):别名盆草、钩兰、桂兰、吊竹兰、折鹤兰。为宿根草本,具有簇生的圆柱形肥大须根和根状茎,适应性强,为传统的居室垂挂植物之一。它叶片细长柔软,从叶腋中抽生出小植株,由盆沿向下垂,舒展散垂,似花朵,四季常绿。吊兰可有效吸收室内80%以上的有害气体,吸收甲醛的能力较强。一般房间养1～2盆吊兰,空气中有毒气体即可吸收殆尽,故吊兰又有"绿色净化器"之美称。

图 4－57 吊兰(见书前彩图)

图 4－58 仙人球(见书前彩图)

●仙人球(图 4－58):有狭义和广义之说,狭义上的仙人球特指仙人掌科、仙人球属的仙人球,而广义上的仙人球则泛指所有球状或近似于球状的仙人掌类植物,仙人球类植物系热带沙漠地区的植物。仙人球品种繁多,由于品种不同,花朵大小差异很大,大者直径数十厘米,小者仅有几毫米。如金琥,是仙人球的一种,它是消除二氧化碳污染、电磁辐射和细菌污染的能手,特别是消除电磁辐射污染。

(2) 观花植物

①观花植物的主要观赏特征如下:

a. 花的大小。观花植物花朵大小变化丰富。单花,10 cm左右居多,花小的只有1～2 cm;多花组成的大花序直径可达20～30 cm。

b. 花的颜色。花朵是观花植物最主要的观赏对象,花的颜色非常丰富,有白、红、黄、蓝等色;因变种杂交使色彩更加丰富,因而还有如橙色、桃红、粉红等色。花的颜色深浅不一,极具观赏价值。

c. 花的形状。花朵的形状多种多样,有单枝散生的单花、团聚成球形的,还有单花排列成锥形的。除此之外,异形花更具特征,如鹤望兰、红掌等独特的花形,使自然界看起来神秘而美丽。

观花植物大多对光照要求较高,喜欢充足的阳光;但有些种类需在强光下遮阴。大部分的观花植物在未开花时观赏价值较低。开花时花形优美、颜色艳丽,不仅是很好的观赏植物,也是较好的插花材料。

②常见的观花植物

●蝴蝶兰(图 4－59):多年生附生常绿草本,根扁平如带,茎极短,叶丛生,绿色。总状花序或圆锥花序,长达70～80 cm;花大,蜡状,形似蝴蝶,花期较长,冬春季栽培,品种多,性喜高温、高湿，不耐寒，喜通风及半阴，夏季生长适温21℃～24℃。生长旺季及花芽生长期需多浇水，并向叶面喷水；秋、春少浇水，冬季保持盆土湿润即可；越冬温度18℃，要求富含腐殖质、排水好的疏松的基质。

●花烛（图4-60）：别名红掌、安祖花，多年生常绿草本，高30～50 cm，叶绿色，花朵由鲜红色的佛焰苞和深黄色的肉穗花序组成；花期全年，性喜高温、多湿及半阴环境，忌阳光直射。夏季生长适温20℃～25℃，冬季不低于15℃。多用木屑或腐殖质土栽培，生长期保持空气湿润，多向叶面喷水，适当施肥。

图4-59　蝴蝶兰（见书前彩图）

图4-60　花烛（见书前彩图）

●八仙花（图4-61）：又名绣球。叶对生，卵圆形至阔卵形，叶柄粗壮；伞房花序，顶生，具总梗，全为不孕花，由分离的花瓣状萼片组成，花色多变，花初开绿色，后转为白色，最后变成蓝或粉红色，花期为6～7月。性喜温暖、湿润及半阴，不耐寒，冬季越冬温度5℃以上。宜肥沃、排水好的微黏质酸性土，不耐碱。土壤的酸碱度对花色影响很大，酸性土时花为蓝色，碱性土时花为红色。

●仙客来（图4-62）：又名兔耳草、萝卜海棠。多年生球根花卉，株高25 cm左右。球花单生下垂，花开时上翻羽形如兔耳。花色有玫瑰红、紫红、绯红、白色等。性喜凉爽、湿润及阳光充足；不耐寒，忌高温炎热，喜肥沃、疏松、腐殖质丰富的微酸性沙壤土。夏季高温球茎被迫休眠，甚至受热腐烂死去，冬季室温不宜低于8℃，否则花易凋谢，花色暗淡。

图4-61　八仙花（见书前彩图）

图4-62　仙客来（见书前彩图）

●水仙(图 4－63):多年生球根花卉,株高 30 cm 左右,花被筒三棱状,白色,芳香;副冠碗状,较短,黄色,性喜阳光充足,温暖、湿润环境,要求肥沃、湿润的沙壤土;夏季休眠,秋冬生长,早春开花。

●一品红(图 4－64):别名圣诞树,常绿灌木,株高可达 3 m,枝叶含乳叶,叶片卵状互生,叶质较薄,脉纹明显,叶背有柔毛。花小,花序顶生,花苞片围绕花序而生;依品种不同,有鲜红色、白色、浅红色,花期为 12 月至翌年 2 月。适温白天 27℃,夜间 18℃。性喜温暖及阳光充足,喜肥沃、湿润、排水好的土壤。

图 4－63　水仙(见书前彩图)

图 4－64　一品红(见书前彩图)

(3) 观果植物

①观果植物的主要观赏特征如下:

a. 果实的大小:观果植物的果实有大有小,变化很丰富。

b. 果实的色彩:观果植物的果皮鲜艳,质感丰富,成熟后一般红色、橙色居多。

c. 果实的形状:观果植物的果实形状奇特美观,极具观赏价值。

②常见的观果植物

●金橘(图 4－65):常绿灌木或小乔木,分枝多,多无刺;叶披针形至矩圆形,表面深绿色、光亮,背面绿色,有散生腺点;花腋生、白色,果实为长椭圆形,成熟时为橙红色,有香味。性喜阳光充足,温暖、湿润的环境。稍耐寒,较耐阴,耐瘠薄,喜生于深厚、肥沃的酸性沙壤土。

图 4－65　金橘(见书前彩图)

图 4－66　佛手(见书前彩图)

●佛手(图 4－66):常绿灌木,枝有棱,有短刺;叶互生,长圆形或卵状长圆形;花单生或成总状花序，花淡紫白色；果实橙黄色，味芳香，顶端分裂如拳，或张开如指，果肉几乎完全退化，果期为 11～12 月。喜温暖、湿润的气候，喜光，不耐阴，适宜生长温度 25℃～35℃，喜肥沃、湿润的酸性沙壤土。

观果植物品种丰富，其他观果植物还有冬珊瑚、朱砂根、南天竹、石榴等，植物的叶、花朵和果实通常是人们主要的观赏对象。除此之外，有些植物不仅有美丽的叶片、个性的花朵、鲜艳的果实，还会散发出香味，这也是人们将植物置于室内欣赏的主要因素。

3）居住建筑空间植物的选择

居住建筑的功能空间一般有客厅、餐厅、书房、卧室、阳台、厨房、卫生间等空间，各个空间功能不同、环境不一，要因地制宜地配置植物。一般配置如表 4-2 所示。

表 4-2 居住建筑空间植物配置表

居室类型	居室作用	建议配置植物
客厅	客厅是接待宾客来访及家人聚集活动的地方，总体上应体现典雅大方、热情好客的格调	君子兰、仙客来、龟背竹、万年青、罗汉松盆景、散尾葵、橡皮树、棕竹等
餐厅	餐厅是家人及宾客用餐的地方，以改善用餐环境为目的	富贵竹、袖珍椰子、巴西铁、鸭脚木、兰花等
书房	书房是读书、写作的地方，应营造宁静、文雅的氛围	文竹、吊兰、龟背竹、袖珍椰子、水竹、六月雪等
卧室	卧室是人们休息睡眠的地方，应突出恬静安逸、温馨典雅的特点	茉莉、米兰、龙舌兰、虎皮兰、凤梨、金琥、景天树等
阳台	阳台是室内光线最充足的地方，适合配置色彩鲜艳、喜阳好光的植物	吊竹梅、巢蕨、天门冬、茶花、腊梅、橡皮树等
厨房 卫生间	一般面积较小，人们活动频繁，而且光线不足、空气质量较差	四季海棠、景天树、熏衣草、茉莉等

阳台和窗台的绿化是居家绿化的重要内容。阳台和窗台的绿化除摆设盆花外，常用绳索、竹竿、木条或金属线材构成一定形式的网架、支架，选用缠绕或卷须型植物攀附形成绿屏或绿棚，适宜植物有牵牛、茑萝、忍冬、西番莲、丝瓜、苦瓜、葫芦、葡萄、文竹等。也可以不设花架，在花槽或花盆内栽种蔷薇、藤本月季、迎春、云南素馨、蔓长春花等藤本植物，让其悬垂于阳台或窗台外，这样既丰富了阳台或窗台的造型，又美化了围栏和街景，如图 4-67、图 4-68 所示。北阳台(阴面)光线较弱，应选择耐阴的植物，如常春藤、络石、蔓长春花、绿萝等。

图 4-67 阳台植物的布置一(见书前彩图)

图 4-68 阳台植物的布置二(见书前彩图)

4) 居住建筑空间植物配置方式

(1) 点状植物

点状植物绿化即指独立设置的盆栽花草和灌木。安排点状植物绿化，要求突出重点。要从形、色、质等诸方面综合考虑，精心选择，不要在它周围堆砌与其高低、形态、色彩类似的物品，以使点的绿化更加醒目。点状绿化的盆栽可以放置在地面上，或放置在茶几、架、柜、桌上，如图 4－69 所示。

图 4－69　点状植物的配置(见书前彩图)

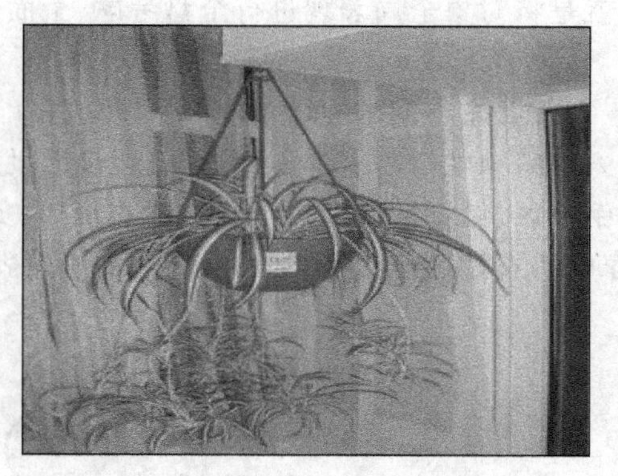

图 4－70　线状植物的配置(见书前彩图)

(2) 线状植物

线状植物绿化即指利用吊兰之类的花草，将其悬吊在空间或放置在组合柜顶端角处，与地面植物形成呼应关系。这种植物枝叶下垂或长或短，或曲或直，形成了线的节奏韵律，与隔板、柜橱以及组合柜的直线相对比，产生一种自然美和动感，如图 4－70 所示。

(3) 面状植物

面状植物绿化即利用植物形成块面来调整室内的节奏。一方面，家具陈设比较精巧细致，可利用较大的观赏性植物形成块面与之进行对比，以弥补由于家具精巧而带来的单薄，同时还可以增强室内陈设的厚重感。另一方面，植物的分布还可以起到作为背景来衬托其他陈设、突出主题等作用，如图 4－71 所示。

图 4－71　面状植物的配置(见书前彩图)

总之,居住建筑装饰中植物能起到点睛之笔,但这个环节目前一般由客户来补充和购置,作为设计师可以起一定的引导作用。

4.3 整体设计

通过对收集的资料、各要素的分析定位后就要进入方案的整体设计阶段。所谓整体设计,就是将对象全局表现进行全盘考虑、全面分析的一种方式和手段。

1) 功能构成

当前居住空间的主要功能有门厅、客厅、餐厅、卧室、厨房、卫生间等,但随着社会的发展,人们精神生活需求的不断提高,逐步增设了新的功能区,如休闲区、健身区、饮茶区、读书区、钢琴区、储藏室、家庭办公区、洗衣房等,如图 4-72 所示。设计师在设计时要根据客户的家庭特点把这些功能空间融汇在其中,这就需要设计师对这些区域的功能有很好的理解。

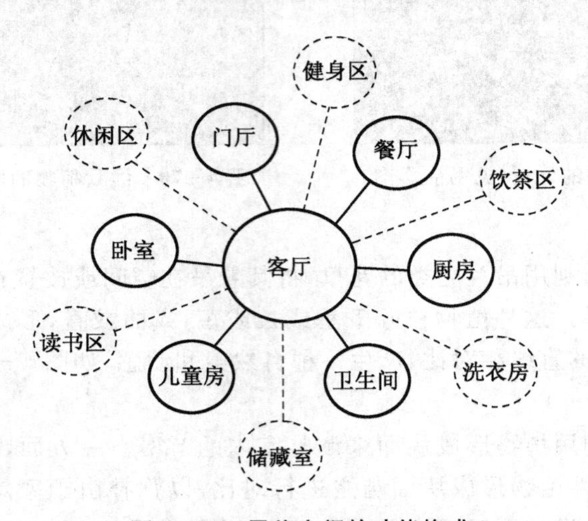

图 4-72 居住空间的功能构成

2) 功能布局的设计要点

(1) 功能流线布局合理、便捷

在进行空间功能划分时,主要依据客户家庭成员在此空间当中的生活方式或者说在此空间中的行为模式,需注意功能流线安排尽量避免相互交叉、相互干扰。

另外,在功能流线布局时需尽量使建筑空间内部的一些不利因素转化为有利因素,例如有些户型厅很大,但布置难,不实用闲置空间多,浪费较大;有的户型出现不规则型,客厅窄而且长,视听距离不够等,在这种情况下就要求设计师巧妙地利用一些处理手法(如图 4-73、图 4-74 所示),变不利为有利,力求空间流线完美。

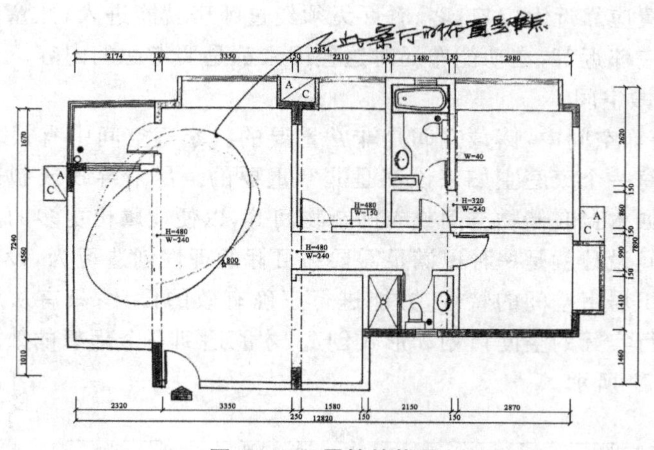

图 4－73 原始结构图

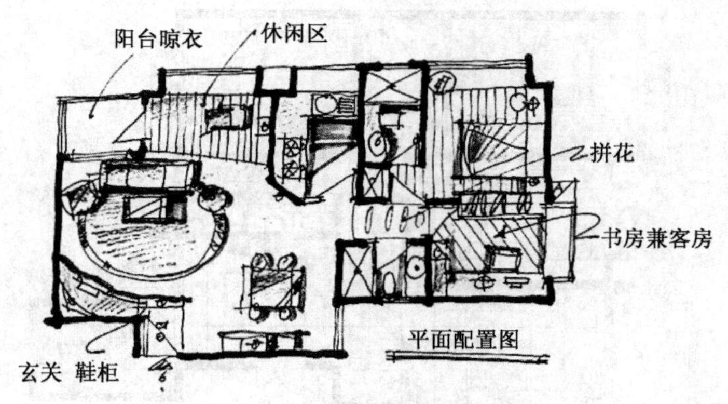

图 4－74 功能划分后的平面图

(2)“动”“静”分离

在居住空间功能布局中要求“动”“静”分离，以便于家庭成员之间的活动不互相干扰，保持空间的相对独立性。一般而言，居室空间功能分为两大部分，如图 4－75 所示。

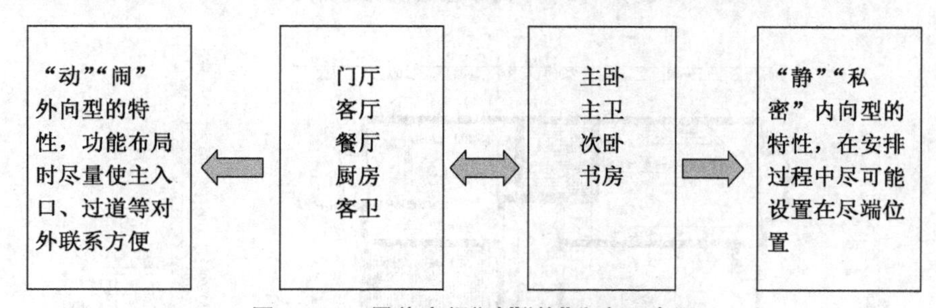

图 4－75 居住空间“动”“静”分离示意图

(3)“干”“湿”分离

在居住空间功能布局中要求“干”“湿”分离，主要集中在厨房、卫生间内部，以及厨房、卫生间、洗衣房这些空间与居室空间中其他功能空间之间，这些空间一般情况下由于固定管道和设施的原因，它们的位置基本已经确定，在这里需设计师在功能空间内部布置上稍加注意。

(4) 功能空间交通便捷

功能空间中尽量避免使通道迂回曲折，以免令活动空间减少。走廊或通道愈多，实用面积就愈小，玄关位置应靠近大门口，客、餐厅无须经过睡房就能进入，儿童房与主人房勿相距太远，厨房与餐厅应邻近等，在功能布局时这些因素都是要考虑的内容。

(5) 足够的储藏空间

在居住建筑装饰空间中，储藏空间是非常重要的。家庭空间中有很多需要整理和收纳的东西，空间对于每一个家庭主妇来说都是非常重要的。尽量寻找或制造一个特大储存量的空间摆放杂物，如木台底储物空间或衣橱杂物间等，以便能腾出更多的活动空间来。

总之，居室空间设计就是一种以满足需要为目标的理性创造行为，设计时应充分地把握实质，只有彻底认识居室空间的特性，方能进行正确有效的设计；只有从居室空间各因素和条件综合分析，进行实际的空间计划和形式创造，才能达到一个理想的效果，做到功能合理，如图4－76、图4－77所示。

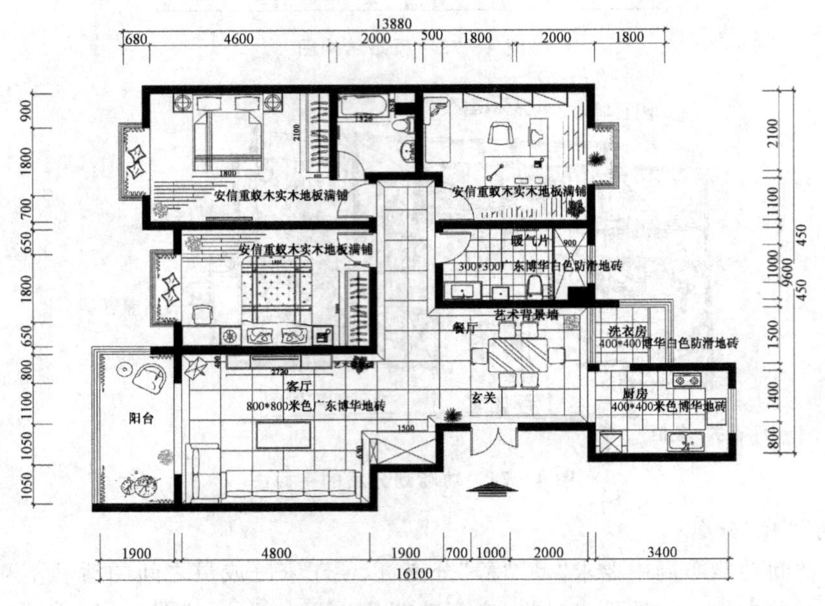

图 4－76　平面布置图(单位/mm)

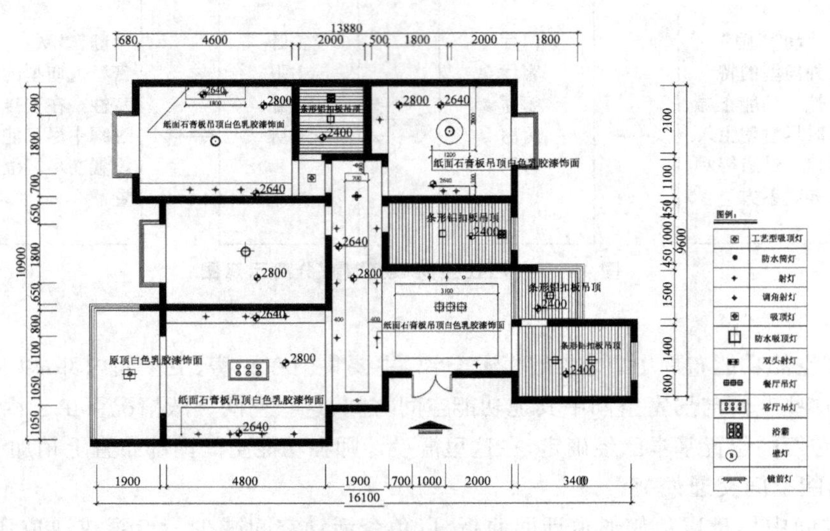

图 4－77　顶棚布置图(单位/mm)

【知识拓展】

居住建筑装饰工程中常用材料规格

1. 板材。板材的尺寸一般为:2 440 mm×1 220 mm,各钟饰面板厚 2.7 mm～3 mm,夹板厚 3 mm～12 mm,大芯板厚 9 mm～18 mm,高密度板、艾特板、防火板、铝塑板及塑料扣板为(200 mm～350 mm)×6 000 mm 等。

2. 木线。有各种角线、天花线、脚线、门线、园线、墙群线及木花、木柱等。

3. 木龙骨。规格有 20 mm×30 mm、30 mm×40 mm、30 mm×50 mm、40 mm×60 mm、60 mm×100 mm 及各种规格的木压尺。木龙骨的木材常用白松、红松、樟子松。

4. 电线。电线的规格有 1.5 m^2、2.5 m^2、4 m^2、6 m^2、10 m^2 等。

5. 玻璃。通常透明玻璃的厚度有:5 mm、8 mm、10 mm、12 mm、15 mm、20 mm;镜子一般是 5 mm 厚;钢化玻璃和防弹玻璃是 30 mm 厚;镀膜玻璃有 5 mm 或 6 mm 厚。

6. 石膏板。石膏板的规格一般是 1 220 mm×2 440 mm×9.5 mm/12 mm 或者1 220 mm×3 000 mm×9.5 mm/12 mm;9.5 mm 对应的 50 系列的轻钢龙骨,用于吊顶,12 mm 对应的 75 系列的轻钢龙骨,用于隔墙。

7. 实木地板。实木地板的规格一般是 18 mm×90 mm×900 mm、18 mm×90 mm×910 mm、18 mm×120 mm×900 mm,18 mm×120 mm×910 mm。除此之外还有其他特殊规格。

8. 复合地板。复合地板的规格一般是 8 mm/10 mm/12 mm×210 mm×1 810 mm。

9. 铝扣板。长条形的常用规格有 5 mm、10 mm、15 mm 和 20 mm;方块形的常用规格有 300 mm×300 mm、600 mm×600 mm;厚度有 0.4 mm、0.6 mm、0.8 mm,越厚越平整。

10. 铝塑板。铝塑板的常用规格为 1 220 mm×2 440 mm。

【实训提纲】

1) 目的要求

通过实训相关环节的练习可以使学生对居室空间的设计方法、设计步骤有所掌握,并且通过对客户和建筑空间原始资料的综合分析定位的练习,特别是对居住建筑装饰设计的整体设计与分析的实训,不仅可以加强理论知识还可以运用于实践。

2) 实训项目的支撑条件

此环节的实训项目训练可以结合前面的洽谈技巧的相关训练进行。洽谈技巧环节中,通过设计师与客户沟通的过程,了解了客户的喜好、对空间的使用要求,从而进行了原始资料的收集,这也为设计过程中最初的设计风格的确定以及深入设计中具体空间的设计安排奠定了基础。

3) 实训任务书

(1) 实训题目:完成某一户型的整体方案设计与定位

(2) 作业要求

①结合前期洽谈技巧中确定的客户,分析客户的背景资料。

②居室设计风格符合客户的要求,特点鲜明。

③居室空间内部功能分区合理。

④各主要使用空间功能明确。

(3) 作业的内容

①制作一份详细的分析方案,方案中包括客户的基本情况(如家庭成员组成,所希望的设计风格)以及原始建筑中所存在的一些问题。

②制作一份手绘的最初的设计方案，方案中基本确定了各功能空间的划分以及整体的设计风格。

③制作一份利用CAD软件绘制的平面图、顶棚图、地面图。

(4) 考核方法

根据制作的作业质量、上课期间教师抽查的结果等给学生作出优、良、合格、不合格的评价。

5　深入设计技巧

【内容提要】

本章主要是从居住建筑装饰的深入设计技巧方面进行阐述的，包括玄关空间设计技巧、餐厅空间设计技巧、客厅空间设计技巧、卧室空间设计技巧、儿童房空间设计技巧、厨房空间设计技巧、卫生间空间设计技巧等。

【教学目标】

通过本章节的学习，对居住建筑装饰设计中每一空间的装饰设计技巧有个全面的理解与掌握，并运用于实践。

所谓深入设计，就是对整个居室空间的各功能分区进行具体和深入的设计与细化。设计师先对客户的综合资料进行分析、推敲，画出平面布置图，在与客户沟通之后，确定整个居室空间的格局，然后再对每一个空间进行仔细深入的设计。

深入设计阶段不再是以房间组合为主，空间的划分也不再局限于硬质墙体，而是更注重每一个功能空间内的逻辑关系和设计要点。下面着重阐述居住建筑空间中的玄关、客厅、餐厅、卧室（包括老人卧室、儿童房）、厨房、卫生间等功能空间的设计。

5.1　玄关

按《辞海》中的解释，玄关是指佛教的入道之门，演变到后来，泛指厅堂的外门，是房门入口的一个区域，是住宅室内与室外之间的一个过渡空间，也是进入室内换鞋、脱衣或从室内去室外整貌的缓冲空间，兼具“换鞋场所”和“居室门面”两项重要功能，也有人把它叫做斗室、过厅、门厅。在居住建筑空间中，玄关虽然面积不大，但使用频率较高，是进出住宅的必经之处，是给人第一印象的地方，是反映主人文化气质的“脸面”。

1）玄关作用

（1）视觉屏障作用

玄关对户外的视线产生了一定的视觉屏障，不至于开门见厅，让人们一进门就对客厅的情形一览无余。它注重人们户内行为的私密性及隐蔽性，保证了厅内的安全性和距离感，在客人来访和家人出入时，能够很好地解决干扰和心理安全问题，使人们出门入户的过程更加有序，如图 5－1 所示。

（2）较强的使用功能

玄关在使用功能上，可以用来作为简单地接待客人、接收邮件、换衣、换鞋、搁包的地方，最好把鞋柜、衣帽架、穿衣镜等设置在玄关内。鞋柜可做成隐蔽式，衣帽架和穿衣镜的造型应美观大方，与整个玄关风格相协调，如图 5－2 所示。

（3）装饰作用

推开房门，第一眼看到的就是玄关。这里是客人从繁杂的外界进入这个家庭的最初感觉，可以说，玄关是设计师整体设计思想的浓缩。它在房间装饰中起到画龙点睛的作用，能使客人进门就有眼睛一亮的感觉，如图 5-3 所示。

图 5-1　视觉屏障作用（见书前彩图）

图 5-2　玄关的功能性（见书前彩图）

图 5-3　玄关的装饰作用（见书前彩图）

2) 玄关的设计要点

(1) 满足实用性

玄关与室内其他空间一样，也有其使用功能，就是供人们进出家门时，在这里更衣、换鞋以及整理装束的地方。因此，需要在玄关处设置必需的家具，如鞋柜、衣帽柜、镜子、坐凳等，因为玄关是出入房间的必经之路，使用频率很高，所以还需要考虑局部地面的易清洁性。

(2) 突出间隔性

之所以要在进门处设置“玄关”，还有一个作用就是遮蔽人们的视线。这种遮蔽并不是完全地遮挡，而是要有一定的通透性，如图 5－4 所示。

图 5－4 玄关隔断，既满足简单的储存功能又满足通透性（见书前彩图）

（3）注重风格与情调

玄关的装修设计，浓缩了整个设计的风格和情调。例如，采用中式的木格栅、花格窗等装饰手法，形成主要交通空间的视觉重点，能够直接显示出主人的生活品味和兴趣修养，如图 5－5 所示。

图 5－5 窗格在玄关中的运用（见书前彩图）

3）玄关空间划分的常见形式

(1) 玄关空间的形式

从玄关与房间的关系上看，玄关空间的划分一般有以下几种形式：

①独立式：一般玄关狭长，是进门通向厅堂的必经之路，可以选择多种装潢形式进行处理。

②邻接式：与厅堂相连，没有较明显的独立区域，可使其形式独特，或与其他房间风格相融。

③包含式：玄关包含于进厅之中，稍加修饰，就会成为整个厅堂的亮点，既能起分隔作用，又能增加空间的装饰效果。

由此可见，玄关的设计应依据房型和形式的不同而定。可以是圆弧形的，也可以是直角形的，有的房型入口还可以设计成玄关走廊，式样有木制的、玻璃的、屏风式的、镂空的等(如图 5－6 所示)。

图 5－6　中式风格的玄关装饰

(2) 玄关的设计方法

玄关的变化离不开展示性、实用性、引导过渡性三大特点，归纳起来主要有以下几种常规设计方法：

①低柜隔断式，是以低形矮台来限定空间，既可储放物品杂件，又能起到划分空间的功能。

②玻璃通透式，是以大屏玻璃作装饰遮隔或分隔大空间，这样既可分隔大空间又可保持大空间的完整性。

③格栅围屏式，主要是以带有不同花格图案的透空木格栅屏作隔断，能产生通透与隐隔的互补作用。

④半敞半隐式，是以隔断下部为完全遮蔽式设计。

⑤顶地灯呼应中规中矩式，该方法大多用于玄关比较规整方正的区域。

(3) 玄关设计注意事项

①实用为先装饰点缀，整个玄关设计以实用为主。

②随形就势引导过渡，玄关设计往往需要因地制宜。

③巧用屏风分隔区域，玄关设计有时也需借助屏风以划分区域。

④内外玄关华丽大方，对于空间较大的居室玄关大可处理得豪华、大方。

⑤通透玄关扩展空间，空间不大的玄关往往采用通透设计以减少空间的压抑感。

4) 玄关的界面设计

(1) 地面

人们大都喜欢把玄关的地坪和客厅区分开来，自成一体。或用纹理美妙、光可鉴人的磨光大理石拼花，或用图案各异、镜面抛光的地砖拼花勾勒而成，在此，需把握三大原则，即易保洁、耐用和美观(如图 5-7 所示)。

图 5-7 玄关地面的拼花(见书前彩图)

(2) 墙面

玄关的墙面往往与人的视距很近，常常只作为背景烘托。设计师选出一块主墙面重点加以刻画，或以水彩，或以木质壁饰，或刷浅色乳胶漆，再设计一个别致的大理石摆台，下面以雅致的铁花为托脚。这里我们应该注意：重在点缀达意，切忌堆砌重复，且色彩不宜过多，如图 5-8 所示。

(3) 顶棚

玄关的空间往往比较局促，容易产生压抑感。但通过局部的吊顶配合，往往能改变玄关空间的比例和尺度。而且在设计师的巧妙构思下，玄关吊顶往往成为极具表现力的室内一景。它可以是自由流畅的曲线；也可以是层次分明、凹凸变化的几何体；还可以是大胆前卫的木龙骨，上面悬挂点点绿意。这里我们需要把握的原则是：简洁、整体统一、有个性，注意：设计时要将玄关的吊顶和客厅的吊顶结合起来考虑。

5) 玄关的照明设计

玄关是迎宾纳主的第一道关口，此处的光照会影响我们进入居室的情绪基调，亦是体现

图 5-8 玄关墙面处理为壁龛的形式(见书前彩图)

室内装修的整体水准的第一印象处,因此照度要亮一些,以免给人晦暗、阴沉的感觉。如果在进门处采用广泛照明的吸顶灯或较亮的壁灯,则可烘托热情愉悦的气氛;也可以在墙壁上安装一盏或两盏造型别致的壁灯,保证门厅内有较高的亮度,使环境空间显得高雅一些。灯具的规格、风格应与客厅配套。也有使用射灯的,则可强调特别的屏风、装饰品等,如图 5-9 所示。

图 5-9 玄关照明简洁明亮(见书前彩图)

6）玄关的绿化设计

玄关适合摆放水养植物或高茎植物，例如水养富贵竹、万年青、发财树，或高身铁树、金钱榕等。因为玄关处一般都有风，空气流动性比较大，养一些高大的植物或水生植物，有利于保持房间的湿度和温度平衡。

【知识拓展】

玄关设计小技巧

玄关空间中功能性与装饰性都很重要，但有时受空间面积和结构的限制，不容易达到两种功能的有效结合，在这种情况下，是以装饰性为主还是以功能性为主，这时一定要与客户沟通，加强哪一部分，削弱哪一部分，需要综合分析考虑。如果家庭成员少，可以适当减弱功能性，以装饰为主；当家庭成员多时，就一定要以功能性为主，增加适当的存储功能。

【实训提纲】

1）目的要求

通过实训可以使学生对玄关的设计方法、设计步骤有所理解和掌握。玄关的装饰是整个居室空间的点睛之笔，也是客户的家庭气质的体现，通过练习使学生真正体会到玄关的装饰性、功能性融于一体的设计理念。

2）实训项目的支撑条件

此环节的实训项目训练可以结合前面的洽谈技巧的相关训练进行，在洽谈技巧环节中，通过设计师与客户的沟通，了解了客户的喜好、对空间的使用要求，进行了原始资料的收集与分析，这为进行玄关空间的设计打下了基础。

3）实训任务书

(1) 实训题目：玄关方案设计

(2) 作业要求

①客户的背景资料与要求分析。

②玄关设计时不仅要满足玄关的功能需求，还要与整体风格相统一，特点鲜明。

③玄关空间内部功能分区合理，符合人的行为习惯。

④室内空间色彩搭配合理，照明设计科学，界面装饰材料运用得体。

(3) 作业成果

①写出客户的背景资料与要求分析报告一份。

②写出玄关的设计说明并绘制平面图、顶棚图、立面图、透视图。

(4) 考核方法

根据上交的作业质量、上课期间教师抽查的结果等给学生作出优、良、合格、不合格的评价。

5.2　客厅

客厅是居住空间的活动中心，也是居住空间装饰的重点。客厅的主要功能是为家庭会客、看电视、听音乐、家庭成员聚谈等提供场所。由于客厅具有多功能的使用性，且面积大、活动多、人流导向相互交替等特点，因此在设计时应充分考虑环境空间的弹性利用，突出重点装修部位。在家具配置设计时应合理安排，充分考虑人流路线以及各功能区域的划分，然后再考虑灯光色彩的搭配以及其他各项客厅的辅助功能设计。

1）客厅布置的相关尺度

空间尺度合理性是居住建筑装饰设计的重要内容，而空间设计的重要依据是人体工程学，体现使用者的重视，即人性化设计。它在居住建筑装饰设计中的应用主要体现在三个方面：①为确定空间范围提供依据；②为家具设计提供依据；③为确定人的感觉器官对环境适应能力提供依据。人在空间中的尺度主要表现在静态尺度和动态尺度两个方面，如图5-10～图5-12所示。

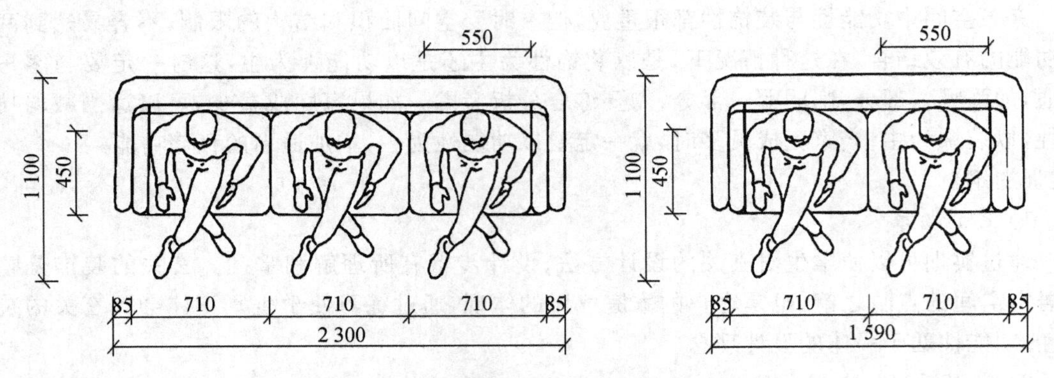

图5-10　沙发的相关静态尺度(1)(单位/mm)

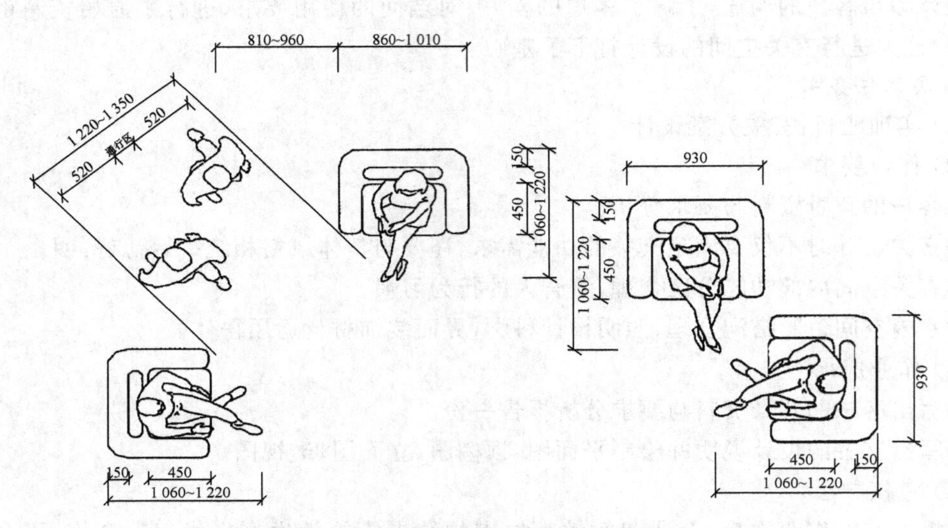

图5-11　沙发的相关静态尺度(2)(单位/mm)

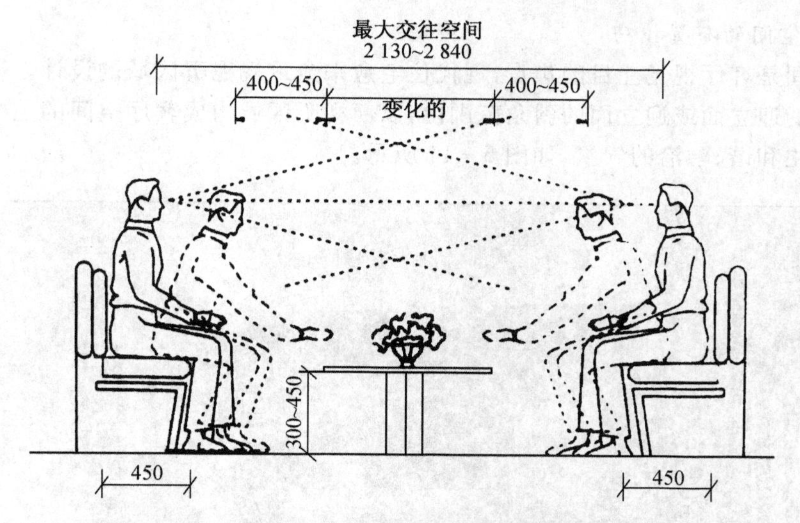

图 5－12　人在使用沙发过程中的相关动态尺度(单位/mm)

2）客厅中谈话区的布置技巧

客厅中的家具应根据该室的活动和功能性质来布置，其中最基本的要求是设计包括茶几在内的一组休息、谈话使用的座位(一般为沙发)以及相应的诸如电视、音响等设备用品。多功能组合家具可存放多种多样的物品，常为客厅所采用。整个客厅的家具布置应做到简洁大方，突出以谈话区为中心的重点。

现代家具类型众多，可按不同风格采用对称形、曲线形或自由组合形布置。不论采用何种方式的座位，均应布置得有利于谈话的方便。座位之间距离保持在 200 mm 左右。为了避免对谈话区的各种干扰，室内交通路线不应穿越谈话区。门的位置宜偏于室内短边墙面或谈话区，位于室内一角或尽端，以便有足够的实墙面布置家具，形成一个相对完整的独立空间区域，如图 5－13 所示。

图 5－13　休闲时尚的客厅谈话区设计(见书前彩图)

3) 视听空间的布置技巧

视听空间是客厅视觉注目的焦点，现代住宅愈来愈重视视听区域的设计。通常，视听区布置在主座的迎立面或迎立面的斜角范围内，以便视听区域构成客厅空间的主要目视中心，并烘托出宾主和谐、融洽的气氛，如图 5－14 所示。

图 5－14　客厅视听空间(见书前彩图)

(1) 电视机的摆放位置

电视机的摆放要三思而后行，多选择几个角度试试，最后选定一个能达到图像清晰、音质优良的位置摆放，要尽量避免灯光或阳光直射屏幕。同时还应远离磁性物品，如收音机、录音机、空调机等。

(2) 电视机的摆放高度

电视机摆放的高度应当符合人体工程学的要求，直放在人的视平线以下的尺度，过高会使观者在长时间观看时产生疲劳和不舒适的感觉；还要注意与视觉距离不宜太远或太近，否则会影响视力。

一般坐在沙发上看电视，座位高 400 mm，座位到眼睛的高度是 600 mm，加起来是 1 000 mm，这是视平线高。如果用 21～25 英寸的电视机，放在 710 mm 的电视柜上，这时视线刚好在电视机荧光屏中心。如果电视柜高于 710 mm，即变成仰视，根据人体工程学原理，仰视易令人颈项疲劳，俯视则无此问题。

4) 客厅的界面设计

(1) 地面

客厅的地面宜采用木地板或地毯等较为亲切的装修材料，也可采用硬质的木地板和石材相结合的处理方法，组成有各种色彩和图案的区域来限定和美化空间。

(2) 墙面

客厅的墙面设计效果直接影响室内的空间气氛，通过精心的设计可创造出客厅不同的艺术情调和风格特色。

①突出重点：客厅的“主题墙”就是指客厅中最引人注目的一面墙，一般是放置电视、音

响的那面墙，也称电视背景墙。在这面“主题墙”上，设计师可采用各种设计手法来突出主人的个性特点。例如，利用各种装饰材料在墙面上做一些造型，以突出整个房间的装饰风格。目前使用较多的有各种毛坯石板、木材等。另外，采用装饰板将整个墙壁“藏”起来，也是“主题墙”的一种主要装饰手法，如图 5-15 所示。

图 5-15 主题墙的设计(见书前彩图)

电视背景墙的灯光布置，多以主要饰面的局部照明来处理，此外还应与该区域的顶面灯光协调考虑，灯壳尤其是灯泡都应尽量隐蔽为妥。背景墙的灯光不像餐厅经常需要明亮的光照，照度要求不高，且光线应避免直射电视、音箱和人的脸部。收看电视时，应有柔和的反射光作为基本的照明。

②简洁明了：客厅的墙面对整个室内的装饰起衬托作用，所以装饰不能过多过滥，应以简洁为好。突出重点墙面后，其他墙面可以作简洁处理。

(3) 顶棚

客厅天花板具有划分空间功能、丰富空间层次的作用。设计时要充分考虑不同的户型和房间高度。如果高度有限，一般不宜采用大面积吊顶，否则会影响室内的采光和通风，并给人以压抑感，但可以考虑小面积的局部吊顶，以丰富空间层次和烘托室内气氛；如果层高较高，特别是开敞型的大空间，则可以根据室内风格和装饰的需要，采用不同形式的吊顶。

①四周局部吊顶形式：采用木材夹板成型，设计成各种形状，再配以射灯和筒灯，在不吊顶的中间部分配上较新颖的吸顶灯，会使人觉得房间空间增高了，尤其是面积较大的客厅，效果会更好，如图 5-16 所示。

②两个层次吊顶形式：运用此种方法，四周吊顶造型较讲究，中间用木龙骨做骨架，而面板采用不透明的磨砂玻璃；玻璃上可用不同颜料喷涂上中国古画图案或几何图案，这样既有现代气息，又会给人以古色古香的感觉。

③多层次吊顶形式：如果房屋空间较高，则吊顶形式选择的余地比较大，如石膏吸音板吊顶、玻璃纤维棉板吊顶、夹板造型吊顶等，这些吊顶既美观，又有减少噪音等功能，如图 5-17 所示。

图 5-16　客厅顶棚周边做局部吊顶的处理(见书前彩图)

图 5-17　多层次客厅吊顶(见书前彩图)

5)客厅的照明设计

客厅是最具有开放性和功能多样性的空间,家人团聚,亲友来访,日常休憩都在此进行。客厅照明的理想设计是:灯饰的数量与亮度都有可调性,使家庭风格充分展现出来。一般以一盏大方明亮的吊灯或吸顶灯作为主灯,搭配其他多种辅助灯饰,如壁灯、筒灯、射灯等,如图 5-18 所示。

就主灯饰而言,如果客厅层高超过 350 mm,可选用档次高、规格尺寸稍大一点的吊灯或

图 5-18　客厅主光与辅光相结合(见书前彩图)

吸顶灯;若层高在 300 mm 左右,宜选用中档豪华型吊灯;层高在 250 mm 以下的,宜选用中档装饰性吸顶灯或不用主灯。

另外,可用独立的台灯或落地灯放在沙发的一端,让折射的灯光散射于整个起坐区,用于交谈或浏览书报;也可在墙壁适当位置安放造型别致的壁灯,使壁上生辉。若有壁画、陈列柜等,可设置隐形射灯加以点缀。在电视机旁设置一盏微型低照度白炽灯,可减弱厅内明暗反差,有利于保护视力。

客厅中的灯具,其造型、色彩都应与客厅整体布局一致,灯饰的布局要明快,气氛要浓厚,给客人以"宾至如归"的感觉。

【知识拓展】

客厅中材料使用技巧

客厅中的视听设备的摆放是一个非常关键的问题,在设计上要避免使用玻璃、瓷器、不锈钢等外表光滑而坚硬的材质。因为这些材质会因室内音乐、声音混响时间过长而产生回声现象,在这种环境中声音听起来浑浊,缺乏层次,不能产生很好的视听效果。

【实训提纲】

1) 目的要求

通过实训使学生对客厅的设计方法、设计步骤有所理解和掌握。客厅的装饰为整个居室空间内部的装饰风格奠定了基调,所以客厅的设计是居室空间设计的重点。

2) 实训项目的支撑条件

此环节的实训项目训练可以结合前面的洽谈技巧的相关训练进行。在洽谈技巧环节中,通过设计师与客户的沟通,了解客户的喜好、对空间的使用要求,进行原始资料的收集,为设计过程中最初的设计风格的确定以及深入设计中具体空间的设计安排奠定了基础。

3）实训任务书

(1) 实训题目：完成客厅方案设计

(2) 作业要求

①进行客户的背景资料与要求分析。

②客厅设计风格符合客户的要求，特点鲜明。

③客厅空间内部功能分区合理。

④视觉中心效果突出。

⑤室内空间色彩搭配合理，照明设计科学，界面装饰材料运用得体。

(3) 作业成果

①写出客户的背景资料与要求分析报告一份。

②写出客厅的设计说明，并绘制平面图、顶棚图、立面图、透视图。

(4) 考核方法

根据上交的作业质量、上课期间教师抽查的结果等给学生作出优、良、合格、不合格的评价。

5.3 餐厅

餐厅是家庭中的一处重要的生活空间，舒适的就餐环境不仅能够增强食欲，更能使疲惫的身心在这里得以彻底的放松。在有限的居住建筑空间中，设计营造一个适合自我又比较开放的小巧实用、功能完善的餐厅很重要。

餐厅是家庭团聚时最多、最好的地方。餐厅的设计要便捷、卫生、舒适，更重要的是，要通过设计营造出舒适高雅的空间氛围。

1）餐厅设计的相关尺度

餐厅设计的相关尺度如图 5－19、图 5－20 和图 5－21 所示。

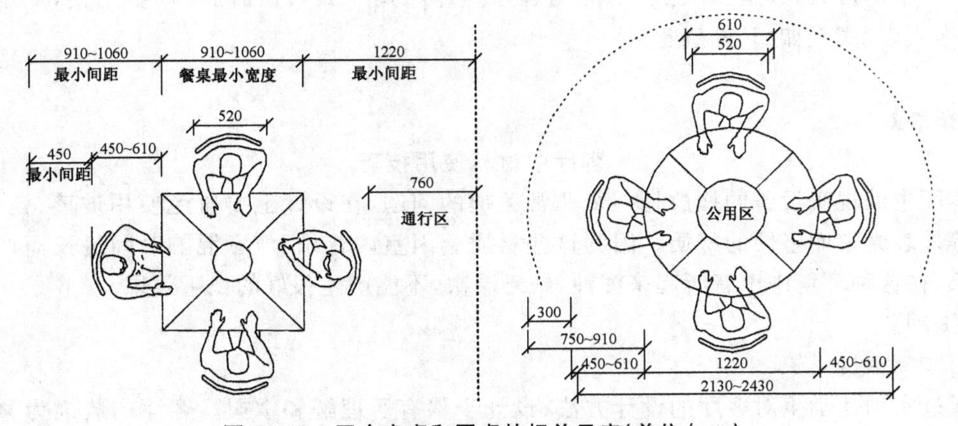

图 5－19　四人方桌和圆桌的相关尺度(单位/mm)

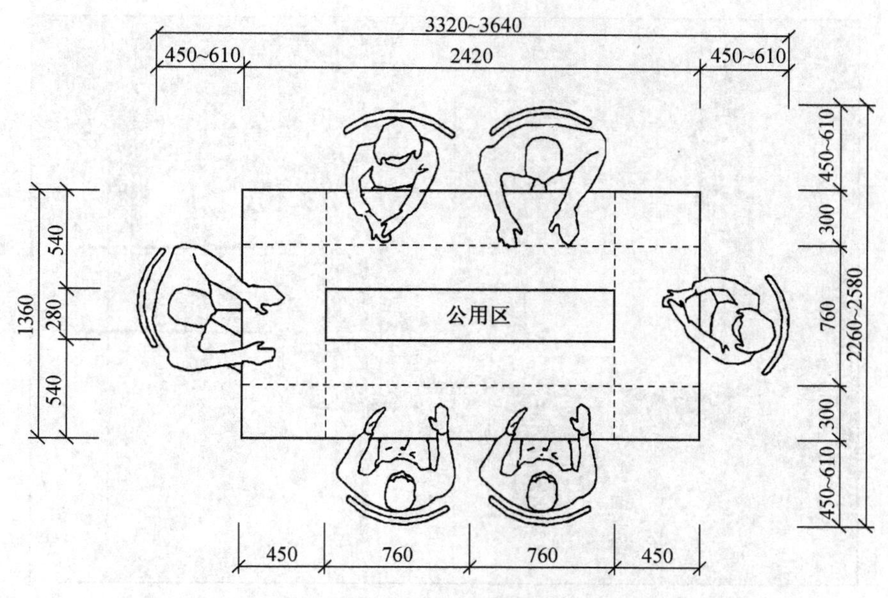

图 5-20 六人长桌的相关尺度(单位/mm)

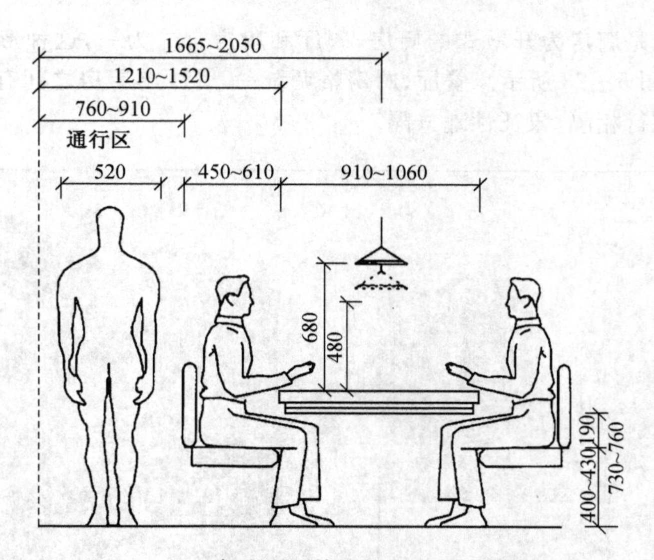

图 5-21 餐桌立面的相关尺度(单位/mm)

2)餐厅的类型

餐厅内决定功能布局的主要因素就是空间面积,它决定餐桌餐椅的大小和布置形式。餐厅内的功能家具主要包括餐桌、餐椅、餐边柜或酒水柜。餐厅的布置方式主要有以下三种:

(1)厨房兼餐厅型

这种类型的餐厅一种情况是人口较少,而且就餐次数也较少。这时客户对餐厅环境要求不高,在厨房就可完成,一个小吧台或单人餐桌加两把椅子即可,同时可结合酒水柜进行设计,如果厨房较小,餐桌也可设置成折叠、抽拉等形式,如图 5-22 所示。

图 5－22　小型厨房兼餐厅型(见书前彩图)

另外一种情况是厨房为开敞式的厨房，餐厅和厨房合二为一，这种形式空间氛围很好，而且比较敞亮(如图 5－23 所示)，餐厅、厨房格调统一，餐厅与厨房之间有时无任何遮挡，有时会用家庭酒吧进行相隔，象征性地分隔。

图 5－23　开敞式厨房兼餐厅型(见书前彩图)

(2) 客厅兼餐厅型

这种形式的餐厅是目前居住建筑空间设计中常见的形式，它的风格和色彩的搭配一般都是随着客厅的格调。有时为了避免一览无余，在餐厅与客厅之间用各种通透隔断相隔，或利用顶棚或地面进行象征性的分隔，如图 5－24 所示。

图 5 - 24　完全开敞的客厅兼餐厅型，利用局部吊顶象征性分隔（见书前彩图）

(3) 独立型餐厅

这种形式的餐厅有非常独立明确的空间，在设计过程中可以有独特的格调和氛围，在大的居住建筑中比较常见，如图 5 - 25 所示。

图 5 - 25　独立式餐厅结合背景墙和酒水柜综合处理（见书前彩图）

总之餐厅的布置不仅要考虑客户的家庭成员品位，还要考虑空间的优势，它们的摆放与布置必须为人们在室内的活动留出合理的空间，要依靠空间的平面特点，结合餐厅家具的形状合理设计。

3) 餐厅的风格

餐厅的风格一般受餐桌餐椅的影响最大，所以设计前期，就应对餐桌、餐椅的风格进行定位，其中最容易造成冲突的是色彩、天花造型和墙面装饰品。所以一般来说，它们的风格对应如下：

①玻璃餐桌：对应现代风格、简约风格，如图 5 - 26 所示。

②金属雕花餐桌:对应传统欧式(西欧)风格,如图 5－27 所示。

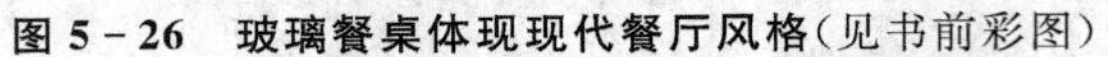

图 5－26　玻璃餐桌体现现代餐厅风格(见书前彩图)

图 5－27　西式风格的餐厅(见书前彩图)

③浅色木餐桌:对应自然风格、北欧风格。

④深色木餐桌:对应中式风格、简约风格,如图 5－28 所示。

⑤简练金属餐桌或色彩艳丽的餐桌:对应现代风格、简约风格、金属主义风格和田园风格,如图 5－29、图 5－30 所示。

图 5－28　深色木质餐桌体现传统中式风格(见书前彩图)

图 5－29　田园风格的餐厅(见书前彩图)

4) 餐厅色彩的配搭

餐厅的色彩配搭一般都是与客厅配套的,因为在目前国内的多数建筑设计中,餐厅和客厅都是相通的,这主要是从空间感的角度来考量的。对于餐厅单置的构造,在色彩的使用上宜采用暖色系,因为从色彩心理学上讲,暖色有利于促进食欲,这也就是为什么很多餐厅采用黄、红色系的原因,如图 5－31 所示。

图 5-30 现代时尚风格的餐厅(见书前彩图)

图 5-31 暖色系餐厅色彩设计(见书前彩图)

5)灯光照明

灯光是营造气氛的主角,日光灯色温高,光照之下偏色,人的脸看上去显得苍白、发青,饭菜的色彩也会发生改变。在照明设计时可以采用混合光源,即低色温灯和高色温灯结合起来使用,混合照明的效果接近日光,而且光源射出不单调。

在餐厅的灯光照明设计中,灯具的造型要与餐厅的整体风格保持一致,但不能只强调灯具的形式,一定程度上要注意餐厅的照明方式。一般为局部照明,主要是餐台上方的局部照明,宜选择下罩式的、多头型的、组合型的灯具,以达到餐厅氛围所需的明亮、柔和、自然的照度要求,一般不适合采用朝上照的灯具,因为这与就餐时的视觉不相吻合,如图 5-32 所示。

图 5-32 餐厅的局部照明(见书前彩图)

另外餐厅的灯光除了局部照明之外还要有相关的辅助灯光，以起到烘托就餐环境的作用。设置辅助灯光常用的形式有：在餐厅家具（玻璃柜等）内设置照明；艺术品、装饰品的局部照明等。设计时需要了解辅助灯光主要不是为了照明，而是为了以光影效果烘托环境，因此，照度比餐台上的灯光要低，在突出主要光源的前提下，光影的安排要做到有次序，不紊乱。

6）餐桌餐椅选购常识

①选购餐桌餐椅首先要看质量。质量的一个方面体现在设计上符合人体工程学原理，试坐在餐椅上感觉舒适，胳膊可以自然地摆放在桌面上。

②要看桌椅的牢固性，特别是餐椅因使用频繁，选购时要注意椅子的用材和拼接方式。一般来说，传统的榫卯结构的较为牢固。再就是使用榆木、榉木等木材的餐椅较为牢固。除通过试坐感觉椅子是否摇晃稳不稳外，还可通过观察椅腿有无疤节和裂痕修补的痕迹来加以判断，餐椅椅腿及支撑部位不能用有疤节和裂痕的材料，否则会严重影响使用寿命。

③仔细检查桌面。注意观察钢制部位的表面饰面是否光滑平整，有无涂层或镀层脱落，有无锈迹；木制部件要看漆膜色泽是否相似、表面是否平整光滑、有无划痕等。

④桌面的玻璃台面厚度。如果购买的是玻璃台面的桌子，玻璃台面厚度一般应大于或等于12 mm，这样比较安全。另外要注意台面的端边、磨边要平直光滑无钝角、玻璃无划痕、缺角等。

⑤最好购买具有延伸功能的餐桌。为了适应用餐人数的增减，餐桌最好能有伸缩功能，如在餐桌内部有滑轨，左右两方的桌片能够相互拉开，中空的部分可装一至两片延伸桌面，以达到增大餐桌尺寸的效果。这样即使来的亲戚朋友多些，也不需要为没有地方用餐而发愁，而且平时把延展的部分收起来，也不影响房间的空间。

⑥餐桌与餐椅应相互搭配。餐桌与餐椅可以说是相辅相成的，所以为了视觉上的美观，最好选择同套系设计的餐桌餐椅。

⑦餐桌的角最好为圆角，以防止儿童不小心碰到带尖的桌角而受伤。

【知识拓展】

1. 餐桌高：750～790 mm。

2. 餐椅高：450～500 mm。

3. 圆桌直径：两人 500 mm，三人 800 mm，四人 900 mm，五人 1 100 mm，六人 1 100～1 250 mm，八人 1 300 mm，十人 1 500 mm，十二人 1 800 mm。

4. 方餐桌尺寸：两人 700 mm×850 mm，四人 1 350 mm×850 mm，八人 2 250 mm×850 mm。

5. 餐桌转盘直径：700 ～800 mm。

【实训提纲】

1）目的要求

通过实训可以使学生对餐厅的设计方法、设计步骤、设计内容、设计表达有所理解和掌握，而且可根据某一主题进行设计创作。

2）实训项目的支撑条件

餐厅设计训练的背景资料可以结合前面的洽谈技巧的相关训练进行，在洽谈技巧环节中，通过设计师与客户的沟通，了解客户对餐厅的喜好和对空间的使用要求，进行原始资料的收集与分析。另外现场测量时收集到的餐厅内的原始结构情况，也为餐厅的设计打下了基础。

3）实训任务书

（1）实训题目：完成餐厅方案设计

（2）作业要求

①餐厅相关的背景资料与要求分析。

②设计风格符合客户的要求，特点鲜明。

③餐厅空间内部功能分区合理。

④室内空间色彩搭配合理，照明设计科学，界面装饰材料运用得体。

（3）作业成果

①写出餐厅的背景资料与要求分析报告一份。

②写出餐厅的设计说明并绘制平面图、顶棚图、开关插座图、立面图、透视图。

（4）考核方法

根据上交的作业质量、上课期间教师抽查的结果等给学生作出优、良、合格、不合格的评价。

5.4 卧室

在居住建筑装饰设计中，卧室是必须具备的房间之一，分为主卧室、次卧室、客卧室和儿童卧室。视房间面积的大小，卧室的功能也可以适当地扩展。卧室要求具有安宁、舒适的睡眠环境，还要求有较好的私密性，因此卧室在空间尺度确定的条件下，可以根据居住者的年龄、性别、职业、民族、爱好和经济情况等进行综合考虑。

5.4.1 一般卧室设计技巧

1）卧室布置的相关尺度

卧室布置的相关尺度，如图5－33～图5－37所示。

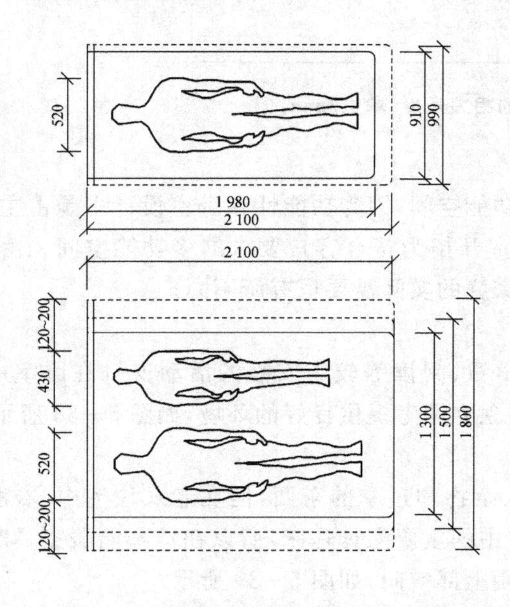

图5－33 单人床、双人床的相关尺度（单位/mm）

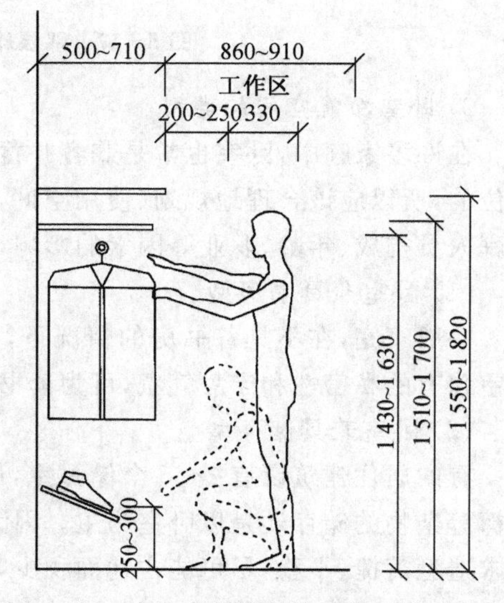

图5－34 衣柜内部的相关尺度（单位/mm）

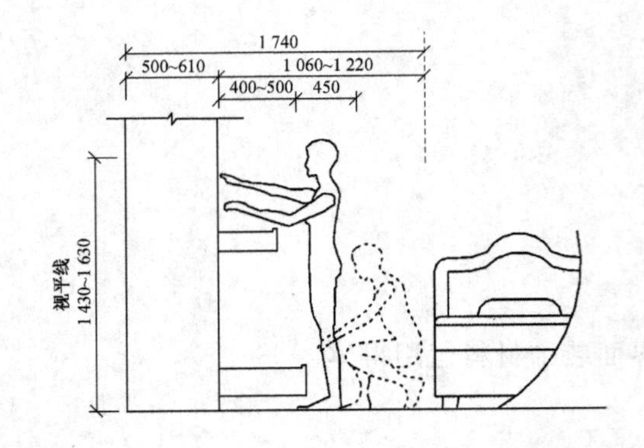

图 5-35　床与衣柜之间相关尺度(1)(单位/mm)

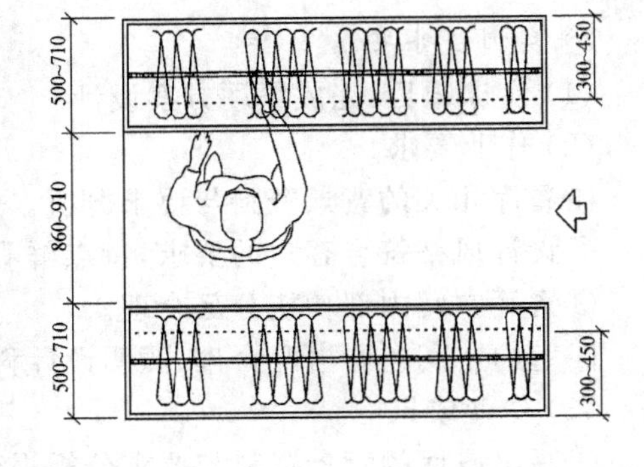

图 5-36　床与衣柜之间相关尺度(2)(单位/mm)

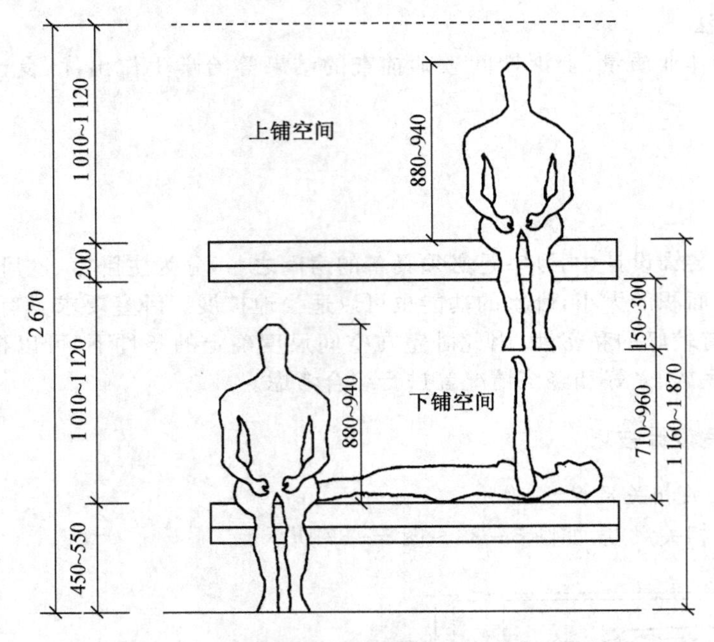

图 5-37　双层床之间的相关尺度(单位/mm)

2）卧室功能空间的类型

在许多家庭中,卧室也常是兼容并蓄的多功能空间,因为功能性在卧室设计中是占主导地位的,所以应该合理地规划、使用空间,将卧室开拓为符合客户要求的多功能空间。由于家庭人员构成、年龄、职业等因素的影响,每个家庭的实际需要也有所不同。

(1) 卧室兼具书房型

一般家庭,在不具备书房的情况下,宜将学习、阅读等较为安静的活动安排在卧室中。卧室独有的私密性和宁静气氛,可为读书学习、独立思考提供良好的环境,如图 5-38 所示。

(2) 卧室兼具储存型

有的居住建筑设有 3～5 个储藏室,以存入杂物和过季的东西,但在老式住宅中,衣服、被褥等杂物的储存还是以卧室为主。因为卧室中的主要家具是床,所以在选择储藏家具时,力求造型简捷、平稳,尽可能占地面积少,多利用上部空间,如图 5-39 所示。

图 5-38 卧室与书房功能相结合(见书前彩图)

图 5-39 卧室与储存相结合(见书前彩图)

(3) 卧室兼具会客型

有的家庭,客厅面积一般很小,不具备会客功能,有时会客的功能会安排在卧室里。为了保证睡眠和会客的功能各自独立,可以考虑将空间进行分隔,为了避免出现室内窄小、光线不足的情况,可以采用软隔断进行空间分隔,如图 5-40 所示。

(4) 综合型

综合型卧室空间中,卧室的各种功能都具备,但各功能之间划分不是很独立,相互之间相互连贯与交融,设计时注重"弹性化设计"手法的运用,如图 5-41 所示。

3) 卧室的功能空间划分

完整的卧室环境应该包括睡眠区、更衣区、梳妆区和储物区等,在有限的空间内将各功能区合理划分,不仅要考虑客户的生活方式,还要考虑家具的大小和在此房间内所进行的活动。

图 5 - 40　卧室与会客相结合(见书前彩图)

图 5 - 41　综合型卧室(见书前彩图)

(1) 睡眠区

卧室的中心区,处于相对稳定的一侧,以便减少视觉、交通的干扰。

构成:床、床头柜。

床的摆放位置对卧室的布局有直接影响,应妥善考虑。一般来说,从便于上下床,便于整理被褥,便于在室内走动,便于开门开窗,有利于夏季通风、冬季避风等方面来决定床位。

(2) 梳妆区

因不同的卧室而各有差异。如果主卧室兼有专用卫生间,则该区域可纳入卫生间的梳洗区;没有专用卫生间的卧室,则另外开辟一个梳妆区。

构成:梳妆台、梳妆镜、梳妆椅。

梳妆台一般设在靠近床的墙角处,这样,梳妆镜既可以从暗处反影出梳妆者的面部,又可以通过镜面使空间显得宽敞。梳妆台的专用灯具宜装在梳妆镜的两侧,这样便于使光线能均匀照在梳妆者的面部。

(3) 储物区

储物区是不可缺少的组成部分。

构成:衣柜、斗柜等。

衣柜一般摆放在床头所靠的同侧墙面,通常与床平行摆放,中间间距在 100 mm 左右,这样既方便使用,又不至于使大面积家具一目了然,给人以空间拥挤之感。

(4) 学习休闲区

兼有阅览、书写、观看电视等要求。

构成:书桌、休闲沙发、地柜。

书桌、椅子一般不要与床相距太近,以免干扰睡眠。电视柜尽量考虑移到客厅,如果一定要放在卧室,且卧室面积较大,可放在床头对面。

在这 4 大区域的组织上,一般以睡眠区作为组织核心。首先应考虑到满足床的使用要求,床一般均靠内墙布置,双人床需三面临空。床是卧室中最大的家具,占地面积大,布置时应适当考虑活动面积和保证私密感,切记把床放在房间的中间或门口;与床紧密相连的是床头柜,如图 5 - 42 所示。

图 5 - 42 卧室的各功能区有时是互相交融与贯通的(见书前彩图)

4) 卧室的照明设计

一个好的照明设计,能强化空间的表现力,增强室内的艺术效果,使人产生亲切和舒适的感觉,在目前的卧室装饰中,卧室装饰的美有很大一部分是依靠光线来表达的,巧妙地运用灯光可以获得各种各样不同的艺术效果,例如增加层次,营造气氛等。

在运用灯光进行装饰时，最为重要的步骤就是照明方式的确定。一般来说，照明方式可以分为整体照明、局部照明和综合照明；也可以分为直接照明、间接照明、漫射照明、半直接照明、半间接照明和混合照明。

(1) 整体照明

这是常用的照明方式，适于活动人数较多的场合。优点是光线四面八方照射，布光均匀，空间明亮宽敞，缺点是光线单调，光影效果不明显，工作亮度不足。

(2) 局部照明

有时也叫方向性照明，为特定的工作区域提供集中的光线，如台灯、工作灯、射灯等，由于灯罩不同，又可分为单、双向性局部照明。

(3) 综合照明

整体照明与局部照明相结合，形成综合照明，弥补两者的不足。综合照明是现代室内照明方式中使用最多的一种。

(4) 直接照明

全部或90%以上的光线直接照射于物体上为直接照明，特点是照明光量大，光影对比强烈、明快、爽朗，但易产生眩光和阴影，不适合与视线直接接触。吸顶灯属于这种照明方式。

(5) 间接照明

90%以上的直接光线先射到墙或顶棚，再反射到被照物体上为间接照明，它的光照柔和而富有节奏感，可营造出和谐安定的气氛。

(6) 漫射照明

40%～60%的光量直接照射在被照物体上，其余的光量是经反射再投射在被照物体上的照明方式。这种照明的光亮度要差些，但光质较为柔和，通常采用毛玻璃或乳白塑胶做灯罩，光线均匀柔和，光影极少，显得幽静。

(7) 半直接照明

光线中的60%～90%的光量直接照射在被照物体上，另有10%～40%的光量是经过反射再投射到被照物体上的照明方式。半直接照明常常通过灯具外半透明材料或以反射板加以反射。它的照明特点是光量较大，但不刺眼。

(8) 半间接照明

60%以上的直接光线照射到墙和顶棚上，只有少量光线直射物体。

总之，巧妙地运用上述照明方式，可以在室内创造出不同的装饰效果。卧室不需要较强的照度，可以选用漫射照明或半间接照明，再加上局部照明，这样就能达到突出主体、拉开层次、吸引视线的目的。例如，卧室光线要求柔和，不应有刺眼光，以使人更容易进入睡眠状态；而穿衣化妆，则需要均匀明亮的光线，可选择光线不强的吸顶灯为基本照明，安置在天棚中间，墙上和梳妆镜旁可装壁灯，床头配床头灯，除了常见的台灯之外，可用底座固定在床靠板上、可调灯头角度的现代金属灯，这样既美观又实用，如图5-43所示。

在卧室照明中，还有一个值得考虑的灯光设置，就是“路灯”。它们通常会安装在床头柜下、床脚位置，方便半夜起床而不影响到家人的睡眠。

图 5-43　卧室内柔和温馨的灯光配置(见书前彩图)

5）卧室的界面设计

(1) 地面

卧室的地面设计应具有保暖性，感觉温暖舒适，色彩一般采用中性色或暖色调，材料可选用实木地板、复合木地板、地毯、塑料板材等。若卧室里带有卫生间，则要考虑到地毯和木质地板怕潮湿的特性，因而卧室的地面应略高于卫生间，或者在卧室与卫生间之间设置过门石，以防潮气。但应注意大理石、花岗石、地砖等较为冷硬的材料都不太适合在卧室使用。

(2) 墙面

可设计背景墙，以床头墙面为背景，根据个人喜好，结合卧室的功能，利用点、线、面等要素，来设计墙面的造型与装饰；还可利用不同的材质，令背景墙富有层次感(如图5-44所示)。常用的材料有乳胶漆、墙纸、墙布、竹木板材、皮革、丝绒、锦缎等。

图 5-44　时尚简洁的床头背景墙设计(见书前彩图)

(3) 顶棚

为增强装饰效果,可在沿墙周围做一环形吊顶或局部吊顶,吊顶不宜过厚,里面装暗灯,渲染卧室的温馨气氛。常用的材料有石膏板、乳胶漆。

(4) 窗帘

卧室应选择具有遮光性、防热性、保温性以及隔音性较好的半透明的窗纱或双重花边的窗帘。

5.4.2 老人卧室设计技巧

由于老人生理机能的下降和心理上发生的变化,成人的卧室装饰设计一般已经难以满足他们的需求。对老人来讲,最重要的不是装修的豪华与美观,而是安全、方便、舒适,很多对于年轻人来说并不需要的设施老人却是必不可少的。

1) 无障碍设计

对于老人来说,随着年事渐高,许多老人开始行动不便,起身、坐下、弯腰都成为困难的动作,除了家人适当的搀扶外,设置于墙壁的辅助扶手很重要,特别是在浴缸边、马桶与洗面盆两侧选用防水材质的扶手装置,可令行动不便的老人生活更自如(如图 5-45、图 5-46 所示)。此外,马桶上装置自动冲洗设备,可免除老人回身擦拭的麻烦,对老人来说十分实用。另外,老人不能久站,因此在淋浴区沿墙设置可折叠的坐椅,既能节省老人体力,不用时收起又可节省空间。

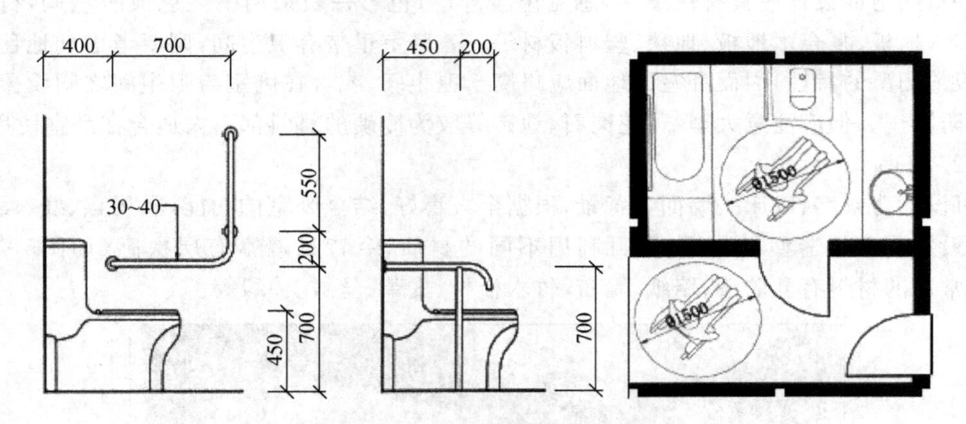

图 5-45 卫生间中的无障碍活动空间(单位/mm)

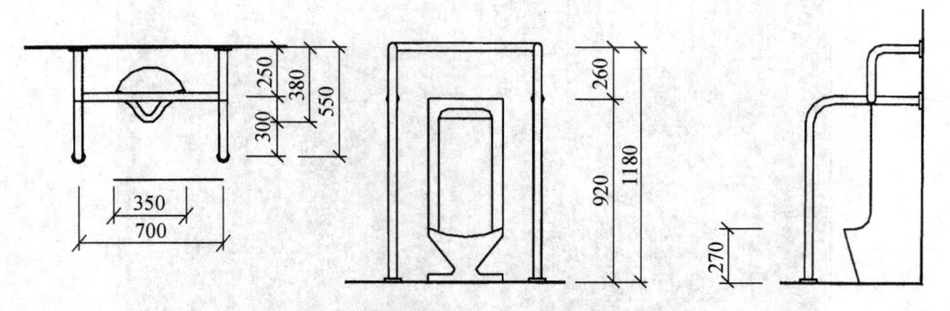

图 5-46 卫生间墙壁辅助扶手的设置(单位/mm)

2）打造方便、流畅的空间

对于老人来说，流畅的空间可使他们行走和拿取物品更加方便，这就要求家中的家具尽量靠墙而立，家具的样式宜低矮，便于他们取放物品。床应设置在靠近门的地方，方便老人夜晚如厕。可折叠、带轮子等机动性强的家具，容易给老人带来伤害。因此在家具选择上，宜选择稳定的单件家具。固定式家具是较好的选择。

3）营建成熟、稳重的氛围

老人的居室窗帘可选用提花布、织锦布等，厚重、素雅的质地和图案以及华丽的编织手法能够体现出老人成熟、稳重的智者风范。此外，厚重的窗帘带来稳定的睡眠环境，对于老人的身体大有好处。深浅搭配的色泽十分适用于老人的居室，例如深胡桃木色的家具可用于床、橱柜与茶几等单件家具上，而寝具、装饰布及墙壁等的色泽则以浅色调为宜，这样，单个居室看起来既和谐雅致，又透露着长者成熟的气质，如图 5－47 所示。

图 5－47　成熟、稳重的卧室氛围（见书前彩图）

4）相关材料的设计应用

老人卧室装饰材料选择要符合老人的特点以及喜好，并且要与居室整体风格相协调。

（1）地面

①地面应考虑具有防滑功能的材料，采用木质或塑胶材料为佳。目前防滑性能较好的材料主要有拼木地板、地毯、石英地板砖、凹凸条纹状的地砖及防滑马赛克等，局部地毯不宜使用，因为边缘翘起会对老人行走和轮椅造成干扰。

②应避免使用有强烈凹凸花纹的地面材料，因为这种材料往往会令老人产生视觉上的错觉。

③对于患有痴呆等方面疾病的老人来说，各方面的判断能力退化严重，室内地面材质或色彩的变化，往往造成判断高低、深浅方面的困难，例如误认为地面上有高差，从而影响其正常行走，所以地面材料应尽量统一。

④对于使用轮椅的老年人来说，室内地面应避免出现门槛和高差变化。必须做高差的地方，高度不宜超过 20 mm，并宜用小斜面加以过渡。

(2) 墙面材料

①墙面不要选择过于粗糙或坚硬的材料,可用多彩喷涂或静电植绒加以装饰。

②墙角部位最好处理成圆角或用弹性材料做护角,在 1.8 m 高度以下做与墙体粉刷齐平的护角,避免对老人身体的磕碰;如果墙体有突出部位,应避免使用粗糙的饰面材料,带有缓冲性的发泡墙纸可减轻老人碰撞时的撞击力,如果在室内需要使用轮椅,距地面 20～30 cm 高度范围内应作墙面及转角的防撞处理。

5) 室内色彩

老人喜爱洁静、安逸,性格保守固执,而且身体较弱,因此应选用一些古朴而深沉、高雅而宁静的色彩装饰居室,如米色、浅灰、浅蓝、深绿、深褐。蓝色可调节平衡、消除紧张情绪;米色、浅蓝、浅灰有利于休息和睡眠,易消除疲劳。

老人房间内宜用温暖的色彩,整体颜色不宜太暗,由于老人视觉开始退化,室内光亮度应比其他年龄段的使用者高一些。另外老人患白内障的较多,白内障患者往往对黄色和蓝绿色系色彩不敏感,容易把青色与黑色、黄色与白色混淆,因此,在室内色彩处理时应加以注意。

6) 室内照明

(1) 辅助灯的设置

老人对于照明度的要求比年轻人要高 2～3 倍,因此,室内不仅应设置一般照明,还应注意设置局部照明。为了保证老人起夜时的安全,卧室可设置低照度长明灯,夜灯位置应避免光线直射躺下后的老人眼部。同时,室内墙角转弯处、高差变化处、易于滑倒处等,例如门厅、走廊、卧室的出入口,有高差处,需保证一定的光照,应安置辅助灯(脚灯)。

(2) 可调节开关设置

老人对亮度变化的适应能力差,急剧亮度变化带来的刺激对老人来说极不舒服,这也是造成事故的原因,因此必须设法使亮度逐渐变化。

例如,用于辅助照明所获得的最大亮度面与附近的亮度比应为 3∶1 以下,相邻房间之间、房间与通道之间、照度低的一方的照度与照度高的一方的平均照度比应保持在 1∶2 以下。卧室宜采用可调节亮度的开关,并应在床头方便的位置设置照明开关。从卧室到卫生间的路线上应设置脚灯,并保证夜间长明,所遇拐角处应加设脚灯。所有照明开关均应采用大面板、带灯的开关等。

7) 细节设计

(1) 室内家具

室内家具宜沿房间墙面周边放置,避免突出的家具挡道,如果使用轮椅,应注意在床前留出足够的供轮椅旋转和护理人员操作的空间。

(2) 门

老人房的门应易开易关,门的处理最好采用推拉式,装修时下部轨道应嵌入地面以避免高差;平开门应注意在把手一侧墙面留出约 50 cm 的空间,以方便坐轮椅的老人侧身开启门扇(如图 5－48 所示);如果门拉手选用的转臂较长,则避免采用球形拉手,拉手高度宜在 900～1 000 cm 之间。

(3) 窗

根据老人的身高,窗台应尽量放低,最好在 750 mm 左右;窗台加宽,一般不少于250～300 mm,便于放置花盆等物品或扶靠观看窗外景色,如果条件许可窗台内可设置安全栏杆。

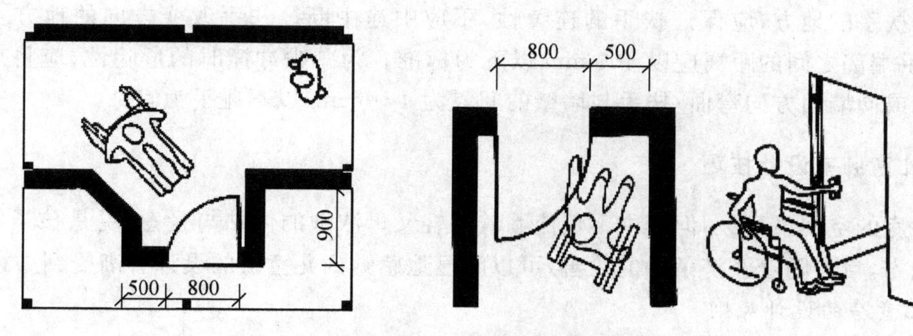

图 5-48　在门的一侧预留空间(单位/mm)

(4) 卫生洁具

卫生洁具的色彩以白色为佳，特别是马桶，除白色感觉清洁外，还容易使人发现排泄物的问题与病变；智能型坐便器的温水冲洗等功能，对治疗老年人的便秘、痔疮有很好的疗效，应推荐客户使用。

浴缸需采用防滑材料，浴缸边缘离地 350～450 mm 为宜，适合方便跨越浴缸和坐在浴缸边缘出入。浴缸边缘应做成可坐下并转身的形状，并在浴缸一端留有 400 mm 宽的坐浴台。在洁具两侧适当位置均应设置适合老人使用的扶手，如图 5-49 所示。

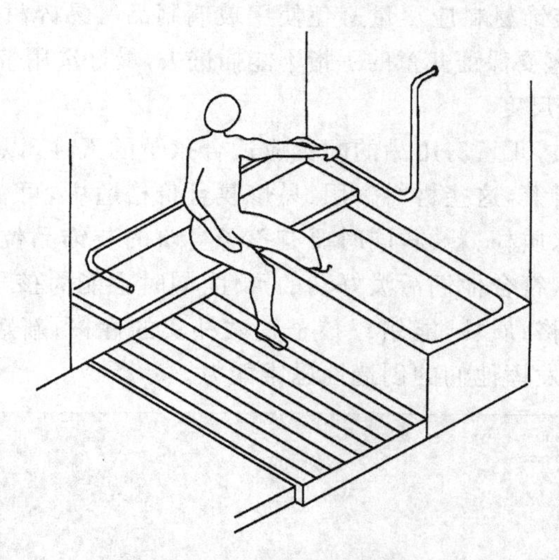

图 5-49　浴缸边缘安全设施

(5) 紧急呼救系统

卫生间内除地面要防滑、墙上设扶手、色彩明亮等以外，还要注意针对老人设置紧急呼救系统。

(6) 安全扶手的安装

老人由于身体机能的下降，很多时候需要扶手的协助以便独立完成起立、行走、转身等动作。设计时应根据老人身体尺度和行为特点，在可能有上下移动、单腿站立等不稳定姿势的地方设置扶手。在经常通行的地方应安装水平行走时使用方便的扶手，或预留出可安装扶手的位置并在墙面相应位置做好加固措施。扶手的高度、材质和形状应根据使用特点来选择，安装必须坚固、可靠，以确保使用的安全。扶手的高度应方便老人在走廊、楼梯、卫生间、客厅、餐厅、卧室等地方的移动，其高度以 800～900 mm 为宜。为避免扶手抓空而摔倒，连续使用扶手的地方，应保证扶手的连续性，不应中途中断。扶手改变方向的地方可以中断，但扶手端部之间的距离应以 400 mm 以下为标准。为减少冲撞时的危险性，应将扶手的端头向下或向墙面方向弯曲；扶手与墙壁的间隔为 4～6 cm，以不碰手为宜。

5.4.3 儿童卧室设计技巧

儿童房的空间虽不大，但其中不仅流淌着年轻父母浓浓的体贴与爱意，更是孩子们梦想出发的地方，目前随着经济条件的改善，可以明显地感觉到儿童房的设计日渐受到重视。

1）儿童房的设计原则

（1）安全性

安全性是儿童房设计时需考虑的重点之一，由于孩子正处于活泼好动、好奇心强的阶段，因此容易发生意外，在设计时，需处处费心。

①家具：儿童房的家具宜选择耐用的、承受破坏力强的，特别是家具要尽量避免棱角的出现，要采用圆弧收边，以避免尖棱、利角碰伤孩子；此外还要结构牢固、旋转稳固，杜绝晃动或倾倒现象发生。

②材料：在装饰材料的选择上，无论墙面、顶棚还是地板，都应选用无毒无味的天然材料，以减少装饰所产生的居室污染。另外地面适宜采用实木地板，配以无铅油漆涂饰，并要充分考虑地面的防滑。装饰材料应尽量避免使用玻璃制品等易碎材料。

③电源插座：电源插座要保证儿童的手指不能插进去，最好选用带有插座罩的安全插座。

（2）遵循孩子的自然尺度

由于孩子的活动力强，儿童房用品的配置应适合孩子的天性，以柔软、自然素材为佳，例如地毯、原木、壁布或塑料等，这些材料耐用、易修复且价格适中，可营造出舒适的睡卧环境。家具的款式宜小巧、简洁、质朴、新颖，同时要有孩子喜欢的装饰品位（如图 5－50 所示）。小巧，适合幼儿的身体特点，符合他们活泼好动的天性，同时也能为孩子多留出一些活动空间；简洁，符合儿童的纯真性格；质朴，能培育孩子真诚朴实的性格；新颖，则可激发孩子的想象力，在潜移默化中孕育并发挥他们的创造性思维能力。

图 5－50　符合儿童尺度的家具设计以及富有童趣的陈设品（见书前彩图）

(3) 充足的照明

儿童房的全面照明度一定要比成人房间的照明度高，一般可采取整体与局部两种方式布设。当孩子游戏玩耍时，以整体灯光照明；当孩子看图画书时，可选择局部可调光台灯来加强照明，以取得最佳亮度。此外，还可以在孩子居室内安装一盏低亮度的夜明灯或者在其他灯具上安装调节器，方便孩子夜间醒来使用。

(4) 明亮、活泼的色调

各种不同的颜色可以刺激儿童的视觉神经，而千变万化的图案，则可满足儿童对整个世界的好奇心。色彩宜明快、亮丽、鲜明，以偏浅色调为佳，尽量不采用深色，如淡粉配白，淡蓝配白、榉木配浅棕等，如图 5－51 所示。由于每个孩子的个性、喜好有所不同，不妨把儿童居室的墙面装饰成蓝天白云、绿树花草等自然景观，让儿童在大自然的怀抱里欢笑。各种色彩亮丽、趣味十足的卡通化的家具、灯饰，对诱发儿童的想象力和创造力会大有益处。

图 5－51 儿童房明快色彩的运用(见书前彩图)

(5) 游戏与趣味性

儿童房的游戏与趣味性设计对儿童的健康成长、养成独立生活能力、启迪他们的智慧具有十分重要的意义。了解孩子成长中的性格特点及对居室布置的要求，与了解一些影响孩子生活的设计因素同等重要。

玩耍，占去了儿童大部分的时间，无论是独自一人玩耍，还是与小朋友或父母共同游戏，都应有合适的活动空间，如图 5－52 所示。

一个多彩的游戏空间既可以加深孩子对外部世界的认识，又给了孩子自由嬉戏的宽敞空间，使他们在玩乐中得到想象力与创造力的开发。

(6) 可重新组合和发展性

设计巧妙的儿童房应该考虑到孩子们可随时重新调整摆设，空间属性应是多功能且具有多变性的，所以应选择易移动、组合性高的家具，方便随时重新调整空间。

另外，不断成长的孩子需要一个灵活舒适的空间。选用看似简单、却设计精心的家具是保证房间不断“长大”的最为经济、有效的办法。

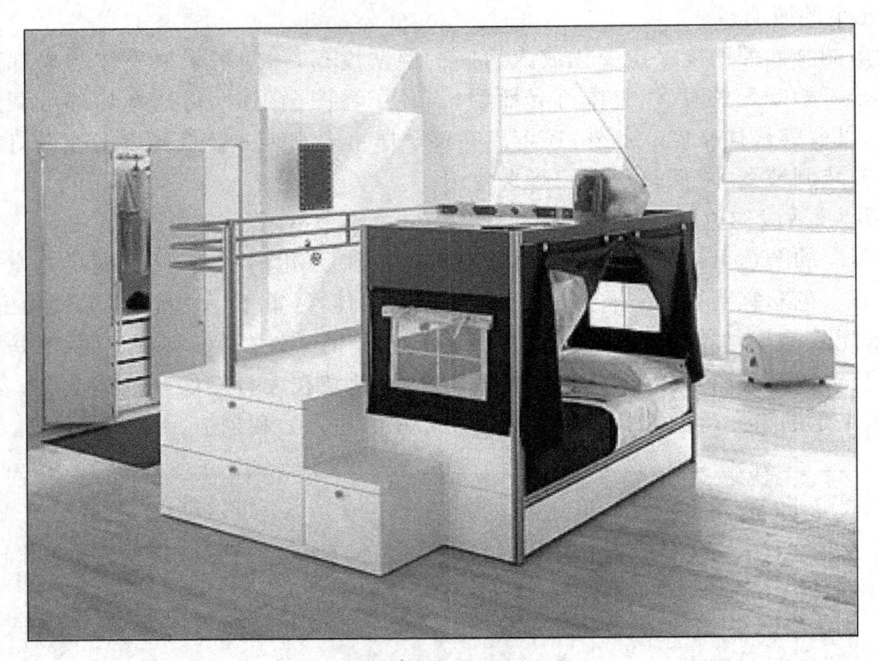

图 5－52　多功能儿童家具体现了趣味性和移动性(见书前彩图)

(7) 预留展示空间

随着孩子年纪的增长,活动能力也日益增强,所以设计师要视房间的大小,适当地留有一些活动区域,例如壁面上挂一块白板或软木塞板,或在空间的一角加一个层板架,为孩子日后的需要预留出展示空间,如图 5－53 所示。

图 5－53　随意的展示空间(见书前彩图)

2）儿童房的功能分区

儿童的大部分时间是在家里的小天地中度过的，儿童房不仅是儿童休息、睡眠的地方，更是学习、娱乐和玩耍的场所，因此，儿童房一般要设置睡眠区、学习区、娱乐区、储物区等功能空间，这些区域之间也可兼而用之。

(1) 睡眠区

睡眠区是儿童房不可缺少的功能区，应该布置在房间相对稳定的位置，要有安全感。床的造型可以是一般样式，也可根据儿童的喜好选用各种独特、形象的造型，例如火车型、飞机型、汽车型。

(2) 学习区

学习区是儿童读书、习字的地方，要布置在白天采光较好的位置。在学习区主要布置书桌，尺度要符合儿童的尺度，造型可根据儿童的心理特点选用，如各种抽象的动物造型、几何造型等。特别是对于年龄较小的儿童，有时学习和娱乐是同时进行的，这两个功能可以综合考虑。

(3) 娱乐区

娱乐区是儿童游戏、娱乐和玩耍的地方，一般应占有整个儿童房的大部分空间，可根据需要布置在房间的一角或中央，也可与睡眠区、学习区等融合在一起。娱乐区是充满童趣的地方，可结合儿童玩具陈列展架等来布置(如图 5－54 所示)。

图 5－54 睡眠区与娱乐区分开的布置形式(见书前彩图)

(4) 储物区

储物区是储存儿童衣物、日常用品和各种玩具的地方，可靠墙角布置衣柜或收纳箱，其造型、颜色应符合整个房间的整体风格，既要与房间的整体布局协调一致，又要便于储藏物品。

总之，儿童房内各功能区的划分要根据使用要求和空间大小来决定，在满足基本功能的前提下，尽量给娱乐区留出较多空间。各功能区的家具造型、款式应组成和谐的整体，充分体现儿童的特点。尽量以非规则、非对称布置形式为主，因为它能给人以自由、活泼、富于变化的感觉，应做到有主有从，聚散有度。

3）儿童房的界面设计

（1）地面

在儿童房的设计中，地面设计是个重点。在孩子的活动天地里，地面应具有抗磨、耐用等特点。通常，一些最为实用而且较为经济的选择是刷漆的木质地板或其他一些更富有弹性的材料，如软木、橡木、塑料等。尽管如此，所有这些地面材料都无法像地毯那样对受伤的膝盖或摔跤等意外情况更具保护性，想要兼而有之，取两者之长，则可以在坚实耐磨、富有弹性的地板面上铺一块地毯。

橡胶地板在通常情况下稍逊于软木，但就其实用价值来说，它也是一种耐磨、保暖、柔和、有韧性且易于清洁的地面材料，光滑平整的表面也便于“行走玩具”的前行。橡胶地板所具有的多种颜色的特点更是其他材料无法相比的，其中包括那些对于儿童房间再理想不过的明亮的色彩，不过，橡胶地板的铺设需要专业人员来进行。

地毯，建议铺设在床周围、桌子下边和周围，这样可以避免孩子在上、下床时因意外摔倒而造成磕伤，也可以避免床上的东西掉在地上时摔破或摔裂从而对孩子造成伤害。而孩子经常玩耍的地方，特别对于那些爱玩积木，喜欢电动小汽车的孩子来说，则不宜在地面上大面积地铺设地毯，如图 5－55 所示。

图 5－55 儿童房局部地毯运用（见书前彩图）

（2）墙面

儿童房墙面的处理方法有很多，如五彩缤纷的墙漆，优雅温馨的墙纸、壁布等。一般儿童房的色调可根据小孩子比较喜欢的颜色来选定，黄色优雅、稚嫩，粉色可爱、素净，绿色健康、活泼，蓝色安静、童话色彩较浓。

学龄前儿童喜欢在墙面随意涂鸦，可以在其活动区域，如壁面上挂一块白板或软木塞板，让孩子有一处可随性涂鸦、自由张贴的天地，这样既不会破坏整体空间，又能激发孩子的创造力。孩子的美术作品或手工作品，也可利用展示板或在空间的一隅加个层板架放设，这样既满足了孩子的成就感，也达到了趣味展示的作用。

(3) 顶棚

天花板的造型应有些变化，让孩子们多体验大自然的气息，充分发挥他们的想象力。因为儿童房注重后期的软装饰，而且家具造型、颜色和儿童玩具已经很丰富，所以为做到主从分明，顶棚不便设计成太复杂的造型和色彩。

4) 儿童房的色彩设计

色彩在儿童房设计中占有很重要的地位，色彩选择和搭配的好坏，除了对视觉环境产生影响外，对人的情绪、心理等都存在一定的影响，尤其是儿童特别敏感，影响最大。

(1) 儿童房色彩的选择方法

儿童房的色彩选择可以分为以下几个方面：

①基色：基色是整个房间的主色调，在整个房间中基色占的面积最大，一般可占70%左右，它体现房间的主题。儿童房中墙面所占面积最大，它的色彩构成了房间的基调，决定着儿童房的气氛和格调。

②点缀色：点缀色占房间面积的25%左右，一般来说宜于选择同色系中亮度较高或色彩较深的颜色，点缀色的运用可以使房间给人一种色彩一致而不单调，协调而富于变化，统一而有层次的感觉。一般采用床上用品进行点缀的居多。

③关键色：关键色占房间面积的5%左右，是房间色彩的亮点，对人的视觉有一定的刺激效果并产生一定的视觉冲击力，可以用橙色或红色，也可以用其他鲜艳的颜色。

(2) 儿童房色彩的设计

以下色彩的设计根据儿童性别的一般规律来进行。

①男孩房：一般男孩房间最好选择青色系的家具，包括蓝、青绿、青、青紫等色，绿色与大自然最为接近，海蓝系列让孩子的心更加自由、开阔(如图5-56所示)。过渡色彩一般可选用白色。

图5-56 海蓝色系的儿童房(见书前彩图)

②女孩房：一般女孩房间则可以选择以柔和的红色为主色的家具，比如粉红、紫红、红、橙等，橙色及黄色带来欢乐和谐的氛围，粉红色带来安静的氛围，黄色系则不拘性别，男孩和

女孩都可以选择(如图 5 - 57 所示)。过渡色彩一般可选用白色。

图 5 - 57 粉色系的儿童房(见书前彩图)

③婴儿房:在年纪稍小的孩子眼里,他们喜欢对比反差大、色彩浓烈的纯色。随着年纪的增长,他们才有能力辨别或者喜欢一些淡雅的颜色。

5) 儿童房的照明设计

儿童房的照明设计主要明确三个方面的内容:一是儿童房照明设计的原则;二是照度标准的确定;三是选择的方法。

(1) 儿童房照明设计的原则

①实用:设计时根据儿童房的形状、面积和功能分区等因素统筹考虑光源、光质、投射方向,使儿童房照明在满足各种功能需要的同时,与活动特征、空间造型、色彩、陈设等统一、协调,以取得较好的整体环境效果。

②舒适:室内选择合适的照度,以利于儿童在室内的活动;同时稳定、柔和的光质给儿童以轻松感,而且也有利于儿童眼睛的健康。

③安全:儿童的自控力差,好奇心较强,容易发生触电的危险,应注意防止发生漏电、触电、短路、火灾等意外事故。电路和配电方式的选择都应符合用电的安全标准,插座应该安装安全保护插座,开关要选择不能轻易打开外壳的品种并采取可靠的用电安全措施。

(2) 照度标准的确定

所谓照度,是指单位面积上接收的光通量,基本单位是 lx(勒[克斯])。

儿童房的照度不宜过高,一般情况下,整体照度可控制在 20～50 lx,学习区的照度可在 75～100 lx,床头阅读时照度可选 75 lx 左右,为了达到这个照度标准,9～11 m^2 的儿童房一般可设一只 40 W 的荧光灯或白炽灯作为整体照明,40 W 的白炽灯作为台灯光源,25～40 W 的白炽灯作为床头灯或床头壁灯的光源。

(3) 选择的方法

①与空间功能相一致,整个空间的照明可选配吸顶灯,书桌旁可采用各式台灯,床头灯

应选择可调节光亮度的台灯或壁灯。

②与空间的大小相匹配，一般的说，儿童房空间较小，不适合采用大体量的灯，宜采用小巧玲珑的灯具，此外，还可以通过灯具的选配，弥补空间上的不足。如净空较高，可选配小吊灯填充，房间矮而宽大，可选用壁灯作为整体照明，也可采用局部的镶嵌灯将空间进一步分隔。

③与儿童特点相一致，灯具的造型要体现儿童的特点，灯饰要选择现代造型，而避免选择古典造型，使房间具有童趣。可以通过灯具的装饰作用，进一步强化儿童房的主题。

④科学低耗，使用安全，结实耐用，高效低耗。

【知识拓展】

房间结构有特殊情况时的一些处理技巧

居住建筑空间结构不尽相同，如果出现房间过高、过低或面积过大、过小时，可以通过一些设计手法改变人们对原有空间的感受。

1）房间过高

房间过高时，可以考虑做整体吊顶来达到与空间尺度的和谐，也可以多使用横线条的内容装饰墙面，使空间具有延伸的感觉，从而创造出一种视野开阔的印象。

2）房间过低

房间过低时，可多使用垂直线条的内容装饰墙面，这样，视觉上会感觉顶棚高度增高，达到令人满意的效果。

3）房间面积过小

房间面积过小时，可以使用一些多功能的组合家具，或最大限度地利用墙壁，也可以做大面积的镜面，这样可以在感觉上扩充空间。

儿童房的档次(仅供参考)

1）高档

高档的儿童房装饰设计，地面可采用纯手工地毯或弹性和耐磨性较好的木地板；墙面采用纺织物壁纸或高级的乳胶漆；室内家具可购买成品，也可定做，家具选用质量较好的木材，不但具有优美的纹理，而且结实、耐用；如果室内面积充足，可以在娱乐区为儿童设置一些大型游乐设施(如滑梯、小帐篷、玩具城堡等)。装饰织物如床罩、枕套、窗帘等应使用同一花色，保持协调一致。

2）中档

中档的儿童房装饰设计，地面可采用混纺地毯或普通木地板，局部系用纯毛地毯；墙面采用普通壁纸或乳胶漆，儿童较容易接触的地方做相应的处理，顶棚无吊顶配以造型灯具的点缀；中档儿童房的家具可买单件儿童家具组合，也可自行设计使用灵活的多功能家具。装饰织物选用一般的纯棉制品，放上靠垫。

3）低档

低档的儿童房装饰设计，地面可采用塑料地板、化纤地毯或拼花木地板；墙面和顶棚均采用乳胶漆，为烘托气氛可以在墙裙的位置做些彩绘；在墙面做挂镜线，以悬挂图画或孩子的照片来装饰墙面；家具可改装原有家具或增加部分新家具，装饰织物不必完全一致，只要色彩协调即可。

【实训提纲】

1）目的要求

通过实训可以使学生对卧室的设计方法、设计步骤、设计内容有所理解和掌握。卧室的装饰在一定程度上是客户重点考虑的内容。

2) 实训项目的支撑条件

此环节的实训项目训练可以结合前面的洽谈技巧的相关训练进行，在洽谈技巧环节中，通过设计师与客户的沟通，了解客户的喜好、对空间的使用要求，进行原始资料的收集与分析，这也为卧室的设计打下了基础。

3) 实训任务书(一)

(1) 实训题目：卧室方案设计

(2) 作业要求

①对客户的背景资料与要求作出分析。

②卧室设计风格符合客户的要求，特点鲜明。

③卧室空间内部功能分区合理。

④视觉中心效果突出。

⑤室内空间色彩搭配合理，照明设计科学，界面装饰材料运用得体。

(3) 作业成果

①写出一份客户的背景资料与要求分析报告。

②写出卧室的设计说明并绘制平面图、顶棚图、立面图、透视图。

(4) 考核方法

根据上交的作业质量、上课期间教师抽查的结果等给学生作出优、良、合格、不合格的评价。

4) 实训任务书(二)

(1) 实训题目：儿童房方案设计

(2) 作业要求

①对客户的背景资料与要求作出分析。

②儿童房设计风格符合客户的要求，特点鲜明。

③儿童房空间内部功能分区合理。

④视觉中心效果突出。

⑤室内空间色彩搭配合理，照明设计科学，界面装饰材料运用得体。

(3) 作业成果

①写出一份客户的背景资料与要求分析报告。

②写出卧室的设计说明并绘制平面图、顶棚图、立面图、透视图。

(4) 考核方法

根据上交的作业质量、上课期间教师抽查的结果等给学生作出优、良、合格、不合格的评价。

5.5 厨房

对绝大部分家庭来说，厨房是居住空间中非常重要的一部分，虽然面积不大，但要功能齐全，使用便捷，因此如何在有限的空间里合理设计是非常重要的。

1) 厨房的形式

厨房空间的形式分为独立式和开敞式两种。

(1) 独立式

独立式的厨房优点是可以隔离油烟与噪音，但阻碍了主妇与家人交流。这种形式目前运用的比较多。根据中国人的饮食习惯，厨房油烟比较多，因此这种形式可以运用透明的推拉移门来弥补，如图 5-58 所示。

图 5-58　独立式厨房(见书前彩图)

(2) 开敞式

开敞式的厨房优点是可以一边在厨房工作一边和家人交流，这种形式的厨房正在逐年增加。开敞式厨房虽然看起来既气派又时尚，但实际上并不是所有家庭、所有住宅都适合装修成这种形式，只有在以无烟式烹饪为主的情况下，才可以采用开敞式厨房设计。这种形式的厨房常结合家庭吧台与餐厅进行设计，如图 5-59 所示。

图 5-59　开敞式厨房(见书前彩图)

2）厨房的设计原则

(1)空间决定形式原则

从近几年开发的居住建筑空间来说，厨房空间在面积上有很大的改观，但空间形式各异，因此在厨房设计时第一原则就是依据空间大小和形式来决定厨房平面布置形式，厨房的平面布置形式一般有以下几种：

①一字型：这种布置方式便于操作，设备可按操作顺序布置，可以减小开间，一般净宽不小于 1 400 mm，这种形式在厨房设备数量较少、尺寸较小时使用。如果厨房的空间过于狭小，适合选用此布置形式。一字型节省空间，但其长度最多在 2 100 mm，因为如果动线过长则会影响工作效率，如图 5－60 所示。

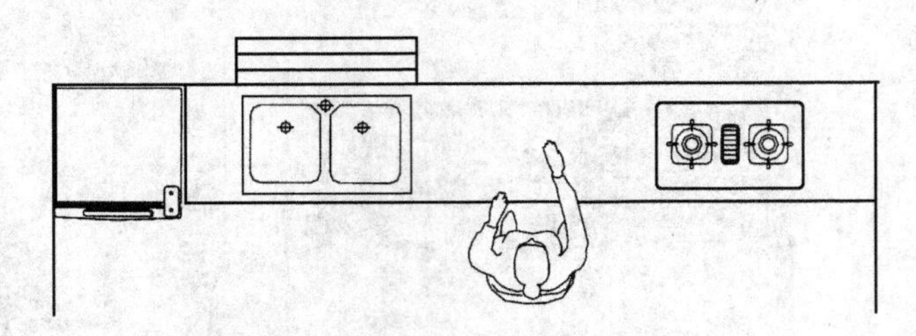

图 5－60　一字型的厨房平面布置

②过道型：这种布置方式主要将工作区沿两个对面墙进行布置，操作区可以作为进出的通道。这种布置形式不太便于操作，占用的开间较宽，所以采用这种形式布置的厨房净宽不小于 1 700 mm。过道型一般是在厨房空间一边长度不够而配置成过道的形式，两列中间一般间隔 900 mm～1 500 mm 为宜，动线短，可以节约一定的交通空间，如图 5－61 所示。

③L 型：这种布置方式将清洗、配膳与烹调三大工作中心，依次配置于相互连接的 L 型墙壁空间。但最好不要将 L 型的一面设计过长，以免降低工作效率，这种空间运用比较普遍、经济。对于一边长度不够，而另一边太长的空间形式，为了在一定程度上弥补动线过长的缺陷，往往采用 L 型空间布置形式。目前采用这种形式的很多，如图 5－62 所示。

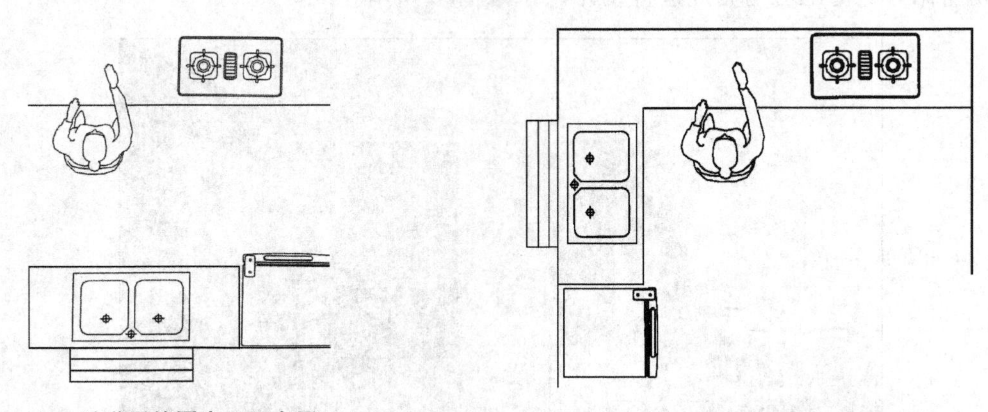

图 5－61　过道型的厨房平面布置　　**图 5－62　L 型的厨房平面布置**

④U 型：这种布置方式共有两处转角，空间要求较大。水槽最好放在 U 型底部，并将准备区和烹饪区分设两旁，使水槽、冰箱和炊具连成一个正三角形。U 型两边之间的距离以 1 200 ～1 500 mm 为准，使三角形的三边之和在有效范围内。这种布置方式可增加更多的

收藏空间。U 型布置一般在厨房空间面积较宽敞时采用较多，可以使两人同时进行工作而不互相干扰，如图 5－63 所示。

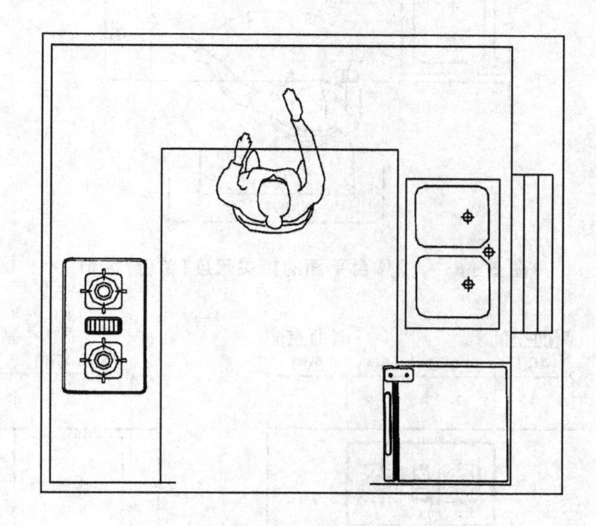

图 5－63 U 型的厨房平面布置

⑤岛型：这种布置方式是在中间布置三部分设施，这需要有较大的空间，较大的面积，也可以结合其他布局方式在中间设置餐桌并兼有烤炉或烤箱的布局，将烹调和备餐中心设计在一个独立的台案之上，从四面都可以进行操作或进餐，是一种实用新颖的方案。一般厨房空间较宽敞，而且采用开敞式布置形式的厨房采用岛型布置较为适宜，调理台可以布置在中央或一侧，早餐可以安排在厨房，这种形式较容易创造融洽的气氛，如图 5－64 所示。

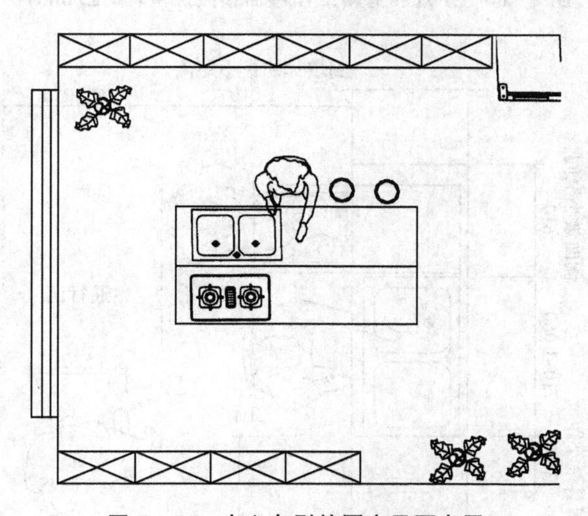

图 5－64 中心岛型的厨房平面布置

(2) 符合人体工程学原理

在厨房空间设计时要遵循人体工程学原理，因为人在工作的过程中，如果空间尺寸不合理或不符合人在此空间中的行为模式，就会腰酸背疼，降低工作效率，那么此空间设计无论投入多少资金都将是失败的。

①相关尺寸见图 5－65～图 5－68。

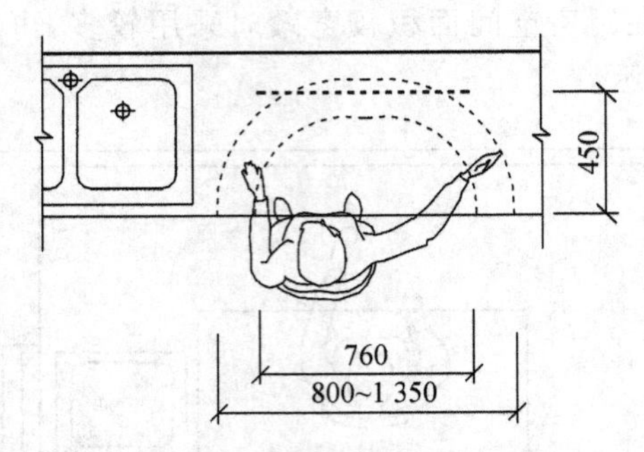

图 5－65　操作台平面的相关尺度(单位/mm)

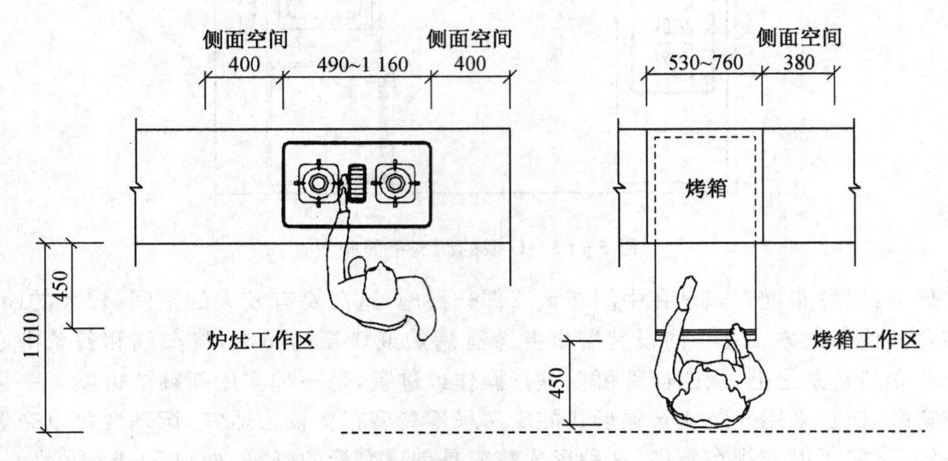

图 5－66　炉灶和烤箱工作平面相关尺度(单位/mm)

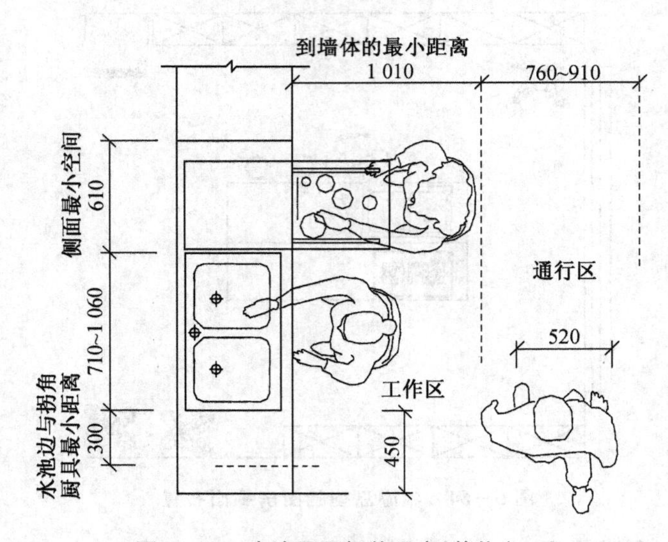

图 5－67　水池平面相关尺度(单位/mm)

②人在厨房空间中的行为模式:厨房依据其使用功能大致可分为储存区、准备区和烹饪区。一个良好的厨房空间,应包括上述三个重要区域,且每个区域都应有自己的一套设施。合理安排它们之间的位置,设计最佳的工作流程,也就是人在此空间中的行为模式,也是厨房功能分区的关键。

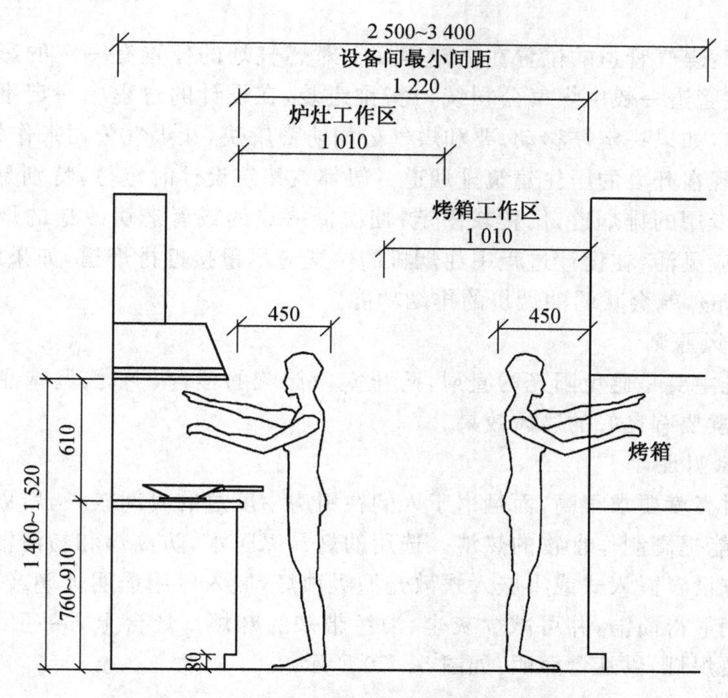

图 5-68 水池立面相关的尺度(单位/mm)

按照人在此空间中烹饪的行为模式,准备食物的顺序一般是先从冰箱里取出食物,接着清洗料理,再烹调蒸煮,最后将美味装盘,这些动作都是连贯进行的,如图 5-69 所示。一般来说,食物的取出(冰箱),食物的洗涤料理(水槽和调理台面),食物的烹煮(炉具),这三个工作点形成了厨房的三角动线。

这个三角动线的三边之和应不超过 6.7 m,并以 4.5~6.7 m 为宜。大多数研究表明,洗涤槽和炉灶间的路程来回最频繁,因此,建议将此距离缩到最短。

图 5-69 人在厨房空间中的行为模式示意图

这条走动路线的距离与顺畅,很大程度上反映了厨房使用的方便和舒适。三者之间的距离要保持动线短、不重复、作业性能好的合理间距。过远则工作动线长,费时费力,增加不必要的往返距离;过近又会互相干扰,造成工作的不便。除了厨房的中心工作动线之外,还要注意厨房的交通动线设计。交通动线应避开工作三角形,以免家人的进进出出,使工作者的作业动线受到干扰。

(3) 按原始管道位置设计原则

一些相关管道的位置,在一定程度上决定了相应功能的位置设置。在方案设计过程中,需明确并尽量按原始管道的位置进行设计,这样可以减少很多隐患,因为这些管道都属于隐蔽工程,一旦出现问题会很麻烦。

①上下水管道:厨房空间中会涉及上下水、冷热水这些管道,在方案设计时,不仅要考虑人在此空间中的行为模式、尺度问题,还要考虑到相关的管道原始的位置问题,明确之后,确定水池等功能的相关位置,一般情况下不宜大幅度移动原始管道的位置,特殊情况时可以小

距离移动。

②煤气管道：煤气管道的位置在一定程度上对燃气灶的位置有一定的影响。现在居住建筑空间中煤气管道一般由煤气公司统一安排组装，在设计的过程中一定不能为了美观而随便移动和封闭，如果一定需移动，要和煤气公司协商解决，让煤气公司来作处理。

③排烟道：现在开发的居住建筑排烟道一般都在建筑设计时定位，特别是小高层的居住建筑空间，都有专用的排烟道，位置较固定；档次低一点的或者老房改造的烟道都会直接排出室外，位置相应灵活，在设计过程中油烟机的位置应尽量接近排烟道，如果距离过远(一般不超过 2 000 mm)，就会减弱油烟机的排烟功能。

(4) 采光通风原则

厨房的采光主要是避免阳光的直射，防止室内储藏的粮食、干货、调味品等因受光热而变质；同时需注意要有良好的通风效果。

3) 厨房的照明设计

厨房照明对亮度要求很高，而且由于人们在厨房中度过的时间较长，所以灯光应惬意而有吸引力，这样能提高制作食物的热情。选用的灯具以防水、防油烟和易清洁为原则。一般在操作台的上方设置嵌入式或半嵌入式散光型吸顶灯，嵌入口用透明玻璃或透明塑料罩盖，这样可以使顶棚显得简洁，并可减少灰尘、油污带来的麻烦。灶台上方一般设置油烟机，机罩内有隐形小白炽灯，供灶台照明，如图 5－70 所示。

图 5－70　厨房的照明设计(见书前彩图)

(1) 厨房照明形式

厨房的照明形式分为整体照明和局部照明两种。

①整体照明：我国规范规定厨房的整体照度应为 50～100 lx，灯具一般设在顶棚或墙壁高处。灯具的造型应采用外形简洁、不易沾染油污的吸顶灯或嵌入式筒灯，而不宜使用易积油垢的伞罩灯具，另外还可将顶棚的照明移至主要的操作区上方，兼作局部照明。

厨房整体照明的光源宜采用白炽灯等暖光源，其发出的暖色光线能正确反映食物的颜色。

②局部照明：灯具主要设在洗涤盆、灶台、操作台等部位，灶台处的灯光可与油烟机结合考虑，一般连机设置，但洗涤和备餐的照明往往会被忽视。在缺乏局部照明的情况下，由于

操作者背对顶部光源，自身的阴影常挡住操作区，造成使用的不便，因此有必要在水池及操作台的上方加设局部照明。照明灯具通常安装在吊柜下方，应做到光源隐蔽以避免眩光，照度为 200～500 lx。

另外，厨房局部照明光源宜采用荧光灯等冷光源，其发光效率高而散发的热量小，可避免因近距离操作而产生的灼热感。

4）厨房的界面设计

在厨房最令人烦恼的问题是油烟，而厨房的天花板、墙面、地面又是最容易沾上油烟的部位，因此，在材料选择上需要格外注意，如图 5-71 所示。

（1）地面

地面是使用率最高的地方，因此，厨房地面必须具有耐磨、耐热、耐撞击、耐清洗等特点，并需注意防滑。防滑瓷砖或地面彩釉砖是常用的地面材料。

图 5-71 厨房材料选用防油烟易处理的材料（见书前彩图）

（2）墙面

厨房的墙壁装饰材料应具有防火、防水功能，靠近灶台及水池部分应选择性能稳定的瓷砖或质地紧密的砖块材料。

（3）顶棚

顶棚是最容易沾上油烟的地方，而清洗又非常不方便，故天花板的颜色应该选择深色，不宜太明亮，如浅灰色、浅紫色；也不能太阴暗，使厨房空间令人感觉沉闷。应选用光滑易清洗的材料，不宜使用质感粗糙、凹凸不平的材料。此外，顶棚还应尽量选择防火材料。

5）厨房的家具

厨房的家具必须简洁，无论是定做还是购买，式样一定要选择简单的，切忌选择雕刻繁琐的中式家具以及藤编、柳编类家具，这是为了防止沾染油污，便于清洁。另外开敞式厨房的台面不应放置过多的炊具，以保证其美观。因此，在设计时要注意最好能设置大的储物空间，将这些“不美观”都装到柜中。

【知识拓展】

厨房设计小常识

厨房设计时应注意以下几点常识性问题：

1. 水槽一般以双槽为主，与地柜组合，安装在 900 mm 宽的工作台面上。

2. 调理台水槽和灶具之间需要保持至少 800～1 000 mm 的距离。

3. 灶台周围的工作台面上的每一边都要能经受至少 200℃的高温，灶台两边的工作台面至少保持 400 mm 的距离。

【实训提纲】

1）目的要求

通过实训可以使学生对厨房的设计方法、设计步骤、设计内容有所理解和掌握，而且还可以根据某一主题进行设计。

2）实训项目的支撑条件

厨房设计训练的背景资料可以结合前面的洽谈技巧的相关训练进行。在洽谈技巧环节中，通过设计师与客户的沟通，了解客户对厨房的喜好和对空间的使用要求，进行原始资料的收集与分析，另外现场测量时收集到的厨房内的原始结构和各种管道的情况，也为厨房的设计奠定了基础。

3）实训任务书

(1) 完成厨房设计方案

(2) 作业要求

①进行与厨房相关的背景资料与要求的分析。

②厨房设计风格符合客户的要求，特点鲜明。

③厨房空间内部功能分区合理。

④室内空间色彩搭配合理，照明设计科学，界面装饰材料运用得体。

(3) 作业成果

①写出厨房的背景资料与要求分析报告一份。

②写出厨房的设计说明并编写平面图、顶棚图、开关插座图、立面图、透视图。

(4) 考核方法

根据上交的作业质量、上课期间教师抽查的结果等给学生作出优、良、合格、不合格的评价。

5.6 卫生间

卫生间在居住建筑空间中使用率是相当高的，现在越来越多的家庭开始注重卫生间的装饰设计。掌握卫生间的设计要点和它的创意性以及如何使卫生间有个合理、舒适的空间布置，是设计师在设计之前需加以考虑的内容。

1）卫生间的类型

随着经济的发展，居住建筑面积越来越大，卫生间的面积也越来越大，个数越来越多，出现了由单卫到双卫再到多卫这样的一个变化。由于客户的卫生间的数量不同，设计师在设计前的定位也是不一样的。

①单卫：考虑到全家都使用该卫生间，内部的每一部分的功能都要考虑齐全。例如，洗脸盆的设置，一人在洗脸时，另一人是否能利用马桶，这就是一个很现实的问题。

②双卫:其中一个是主卫,一般设置在主卧室内部,供主人使用,风格一般定位在以浪漫为主;另一个是客卫,一般设置在相对较靠外的位置,供家里其他人和客人使用,风格定位以实用为主。

③多卫:一般出现在别墅空间或高档公寓内部,数量较多,一般在3个或3个以上,主次区分和定位更明确。

2) 卫生间的设计原则

(1) 功能要求

卫生间设计应综合考虑洗手盆、坐便器、浴缸三种功能的综合使用要求,无论位置如何摆放都要首先满足三种使用功能要求。如果空间面积允许,可以考虑其他的辅助功能,如洗衣区、梳妆区、拖把池、健身区等。

(2) 采光通风

卫生间的装饰设计应坚持不影响卫生间的采光、通风效果,在设置立式淋浴房或淋浴推拉门的位置和高度时要充分考虑到这一点。

(3) 电线电器选用

电线电器设备的选用和设置应符合电器安全规程的规定。

(4) 地面处理

卫生间的地面处理不仅要考虑地面的防水、耐脏、防滑以及易清理,而且还要考虑地面朝向地漏的坡度。

(5) 人性化的细节处理

在卫生间的设计过程中,不仅要考虑满足一些基本的功能,还要考虑很多人性化的细节处理,例如马桶旁的电话的设置、背景音乐的设置、开关插座的预留、安全扶手的设计等。

3) 卫生间内相关尺度

任何空间中尺度设置的合理是最基本的要求(如图5-72～图5-75所示),尺度不合理一切都是徒劳。尺度的把握需要灵活性。

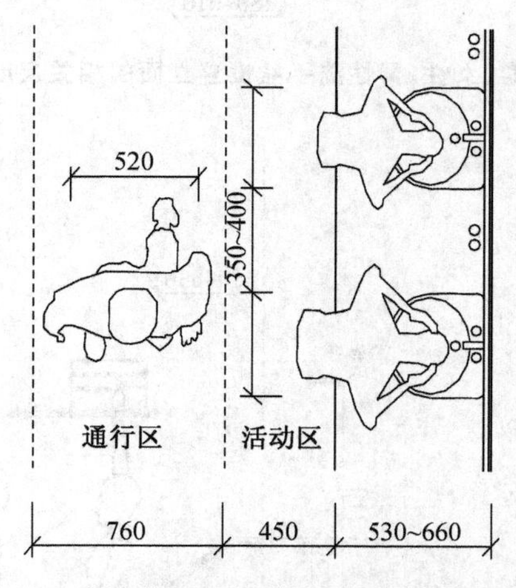

图5-72 洗手盆平面布置的相关尺度(单位/mm)

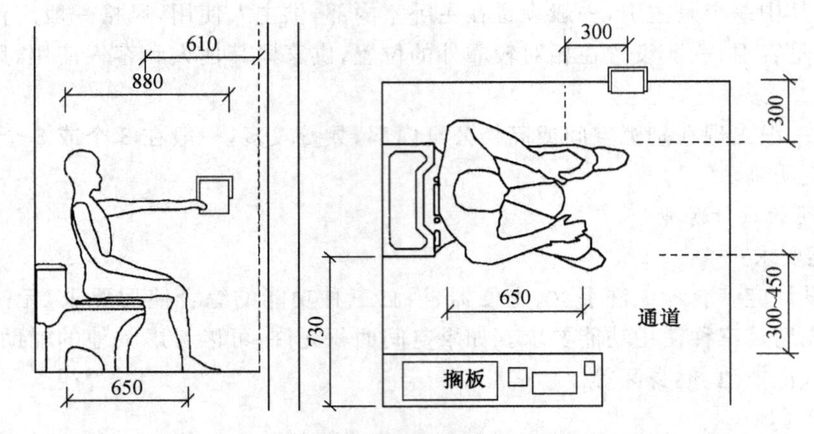

图 5－73　马桶平面布置的相关尺度(单位/mm)

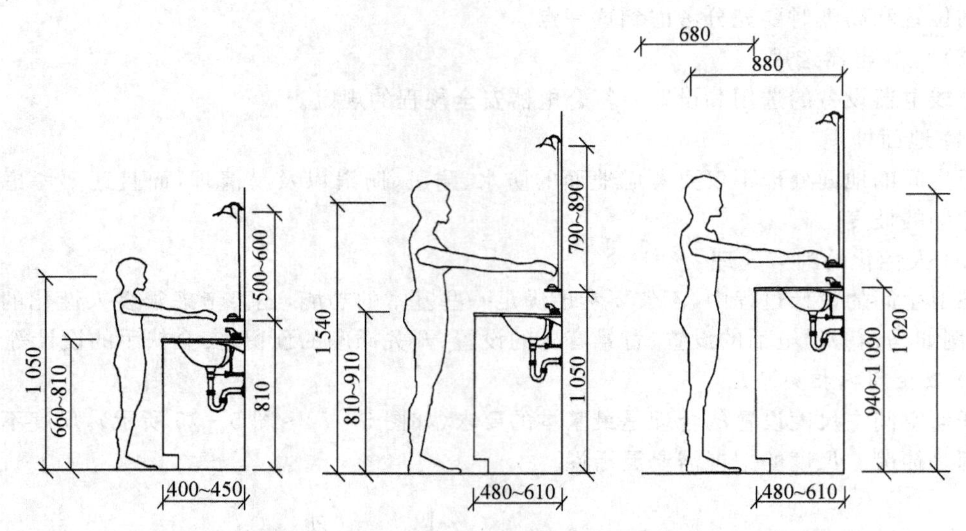

图 5－74　儿童、女性、男性洗手盆设置立面的相关尺度(单位/mm)

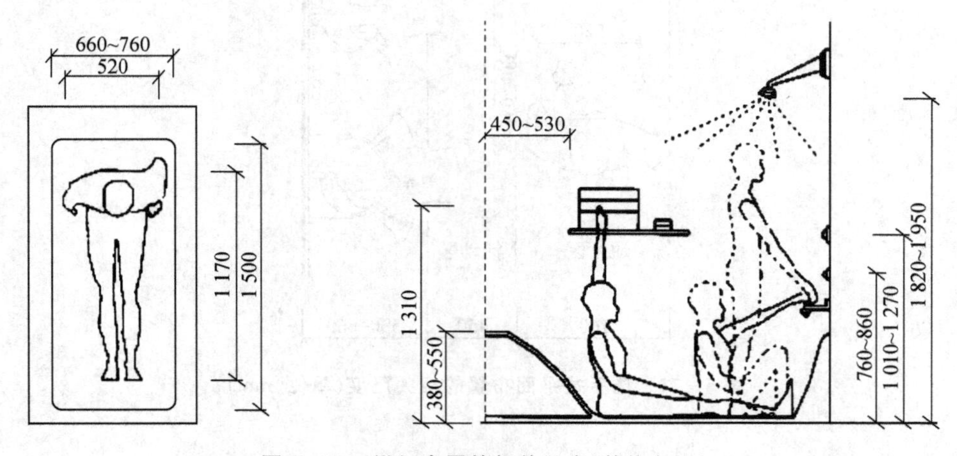

图 5－75　浴缸布置的相关尺度(单位/mm)

4) 卫生间的功能布局

(1) 一般布置形式

许多居住建筑空间中的卫生间面积都很小，由于空间受到限制，额外功能就要省略，基本功能则不可缺少，卫生间内部的“三大件”分别为：洗手盆、坐便器、淋浴间。在居住建筑空间中基本上下水管道的位置在装修之前已确定，虽然在特殊情况下可以作适当的调整，但不宜或者说尽可能地不做大幅度的更改。

“三大件”基本的布置方法是由低到高设置，即从卫生间门口开始，最理想的是洗手台向着卫生间的门，而坐便器紧靠其侧，把淋浴间设置到最内端。这样无论从作用、使用功能上或美观上都是合适的，如图 5－76 所示。

图 5－76　卫生间的基本布置形式(见书前彩图)

(2) 空间布置注意“干”“湿”分离

在空间布置时注重“干”“湿”分离的空间设计，就是将沐浴空间、坐便器与洗手盆之间进行分隔，具有一定的私密性。在满足通风和采光的前提下采用灵活多样的隔断形式，例如软帘、玻璃推拉门、百叶窗等，这样可以有效地防止淋浴的水溅出，至于采用哪种形式还要视具体的空间面积和结构而定，如图 5－77 所示。

5) 卫生间的洁具选择

卫生间的洁具一般都是通过采购并进行安装的，所以洁具的选择很重要，下面从几个方面来进行介绍。

①卫生间内的洗水盆、坐便器、浴缸或妇洗器等主要产品的档次、质量必须一致，其色泽与卫生间的地砖和墙砖色泽搭配要协调，一般卫生间的洁具色泽与地砖色泽相近或略浅。

②在选择坐便器之前，要明确卫生间预留排水口是下排水还是横排水。如果是下排水，要测量好排水口中心到墙的距离，然后选择同等距离的坐便器，否则无法安装；如果是横排水，要测量好排水口到地面的高度，坐便器出水口和预留排水口高度要相同或略高才能保证排水通畅。

图 5-77　采用隔墙对空间实行分隔(见书前彩图)

③在选择节水型坐便器时,往往有一个误解,认为冲水量越少越节水。其实坐便器是否节水并不完全取决于此,主要在于坐便器冲水和排水系统及水箱配件的设计。座厕的冲水方式常见的有直冲式和虹吸式两种。一般来说,直冲式的座厕冲水的噪音大些而且易反味。虹吸式座厕属于静音座厕,水封较高,不易反味。虹吸式又分很多种,如:漩涡式、喷射式等。

④选择卫生洁具需注意陶瓷质量,可通过“看”“摸”“听”和“对比”4 个步骤来购买。

a. 看:可选择在较强光线下,从侧面仔细观察卫浴产品表面的反光,表面没有或少有砂眼和麻点的为好。亮度指标高的产品采用了高质量的釉面材料和非常好的施釉工艺,对光的反射性好,从而视觉效果好。

b. 摸:用手在卫浴产品表面轻轻摩擦,感觉非常平整细腻的为好。还可以摸其背面,感觉有“沙沙”的细微摩擦感的为好。

c. 听:可用手敲击陶瓷表面,一般好的陶瓷材质被敲击发出的声音是比较清脆的。

d. 对比:主要是在考察陶瓷产品的吸水率,吸水率越低的越好。陶瓷产品对水有一定的吸附渗透能力,水如果被吸进陶瓷,会产生一定的膨胀,容易使陶瓷表面的釉面因膨胀而龟裂。尤其对于坐便器,如果吸水率高,则很容易将水中的脏物和异味吸入陶瓷,时间一长就会产生无法去除的异味。

【知识拓展】

目前国内常用的卫生洁具

1. 洗水盆:可分为挂式、立柱式、台式三种。

2. 坐便器:可分为直冲式和虹吸式两大类。按外形可分为连体和分体两种。新型的坐便器还带有保温和净身功能。

3. 浴缸:形状花样繁多。按浴洗方式分,有坐浴、躺浴、带盥洗底盘的坐浴。按功能分,有泡澡浴缸和按摩浴缸。按材质分,有压克力浴缸、钢板浴缸、铸铁浴缸等。

4. 淋浴房:由门板和底盆组成。淋浴房门板按材料分,有 PS 板、FRP 板和钢化玻璃三种。淋浴房占地面积较小,适用于淋浴。

5. 净身盆:妇女专用,目前国内家居使用较少。

6. 小便斗:男士专用,目前在家居装饰装修中使用频率日渐增多。

7. 五金配件:形式花样更是各异,除了上述提到的洁具配件外,还包括各种水嘴、玻璃托架、毛巾架(环)、皂缸、手纸缸、浴帘、防雾镜等。

【实训提纲】

1) 目的要求

通过实训可以使学生对卫生间的设计方法、设计步骤、设计内容有所理解和掌握,而且还可根据某一主题进行设计。

2) 实训项目的支撑条件

卫生间的设计训练的背景资料可以结合前面的洽谈技巧的相关训练进行,在洽谈技巧环节中,通过设计师与客户的沟通,了解客户对卫生间的喜好和对空间的使用要求,进行原始资料的收集与分析。另外现场测量时收集到的卫生间的原始结构和各种管道的情况,也为卫生间的设计打下了基础。

3) 实训任务书

(1) 实训题目:卫生间方案设计

(2) 作业要求

①对卫生间相关的背景资料与要求进行分析。

②设计风格符合客户的要求,特点鲜明。

③卫生间空间内部功能分区合理。

④室内空间色彩搭配合理,照明设计科学,界面装饰材料运用得体。

(3) 作业成果

①写出卫生间的背景资料与要求分析报告一份。

②写出卫生间的设计说明并绘制平面图、顶棚图、开关插座图、立面图、透视图。

(4) 考核方法

根据上交的作业质量、上课期间教师抽查的结果等给学生作出优、良、合格、不合格的评价。

6 开关插座的设计技巧

【内容提要】

本章主要阐述居住建筑装饰设计中开关、插座的相关术语、相关图例的表达形式以及居住建筑中各空间的开关、插座的设置技巧等。通过本章的学习，学生将会对居住建筑装饰设计中各空间开关、插座的设置以及表达形式有一个全面的了解与掌握，可以运用于实践。

【教学目标】

- 了解开关、插座的相关术语以及常用开关、插座的图例。
- 掌握居住建筑装饰设计当中各空间开关、插座的设置要点。
- 理解居住建筑装饰设计当中开关、插座的基础知识及设置要点并将理论运用于实践。

在居住建筑装饰设计时，开关、插座与人的生活息息相关，但开关、插座一旦设计不当，将会给后续的使用带来很多不便，而且开关插座内部线路属隐蔽工程，后期如果再改造将会带来很多不必要的麻烦，如果走明线或使用插线板，既不美观也不安全。因此，设计师在设计阶段应与客户充分沟通，彻底了解客户的生活习惯，系统地进行规划设计，这样才能设计出真正符合客户需求的开关、插座体系。

6.1 开关、插座的常识

对于初学者来说，开关与插座常识多加了解与掌握是至关重要的。

6.1.1 开关、插座的常用术语

开关、插座的常用术语有：

①强电：一般是指交流电压在 24 V 以上，强电的特点是电压高、电流大、功率大、频率低，例如家庭中的电灯、插座等。家用电气中的照明灯具、电热水器、取暖器、冰箱、电视机、空调、音响设备等家用电器均为强电电器设备。

②弱电：是针对强电而言，其对象主要是信息，即信息的传送和控制，其特点是电压低、电流小、功率小、频率高。一般是指直流电路或音频线路、视频线路、网络线路、电话线路，直流电压一般在 24 V 以内。家用电器中的电话、电脑、电视机的信号输入(如有线电视线路)、音响设备(如输出端线路)等家用电器均为弱电电器设备。

③单联开关：指控制单个灯或电器的开关。

④多位开关：几个开关并列，各自控制各自的灯，往往也称为双联、三联或四联。

⑤双控开关：两个开关在不同位置，可控制同一盏灯或走同一条线路。

⑥夜光开关：开关上带有荧光或微光指示灯，便于夜间寻找位置。

⑦调光开关：可开关并可通过旋钮调节灯光强弱。但应注意，不能与节能灯配合使用，一般用于灯泡。

⑧10A：满足家庭内普通电器用电限额，一般为小电器使用。

⑨16A:满足家庭内空调或其他大功率电器。

⑩20A:3匹以上空调或大功率(4 000W以上)电器使用。

⑪插座带开关:可以控制插座通断电,也可以单独作为开关使用,多用于常用电器处,如微波炉、洗衣机等,还可以用于镜前灯,关闭开关即可断电,免除插拔的步骤。

⑫边框、面板:组装式开关、插座,可以调换颜色,拆装方便。

⑬空白面板:用来封蔽墙上预留的接线盒或弃用的墙孔。

⑭暗盒:暗盒安装于墙体内,走线前需要预埋。

⑮146型:宽是普通开关插座的两倍,例如有些四位开关、十孔插座等。注意只有长型暗盒才能安装。

⑯万能插座:万能插座既可插两孔,也可插三孔。

⑰多功能插座:可以兼容老式的圆脚插头、方脚插头等。

⑱专用插座:英式方孔、欧式圆脚、美式电话插座、带接地插座等。

⑲特殊开关:包括遥控开关、声光控开关、遥感开关等。

⑳信息插座:指电话、电脑、电视插座。

㉑宽频电视插座:5~1 000MHz,适应个别小区高频有线电视信号。

㉒TV—FM插座:功能与电视插座一样,多出的调频广播功能用的很少。

㉓串接式电视插座:电视插座面板后带一路或多路电视信号分配器。

6.1.2 各种开关、插座的常用图例

1)常用电箱图例(表6-1)

表6-1 强电、弱电箱图例

序号	名称	图例	备注
1	配电箱		除图中注明外底边高地1.6 m,型号规格见系统图
2	弱电综合分线箱		暗装,除图中注明外底边高地0.5 m,型号规格见系统图
3	电话分线箱		暗装,除图中注明外底边高地1.0 m,型号规格见系统图

2)常用开关图例(表6-2)

表6-2 常用开关图例

序号	名称	图例(正立面)	图例	备注
1	单联单控开关			控制单个灯或电器具,暗装,高地1.3 m
2	单联双控开关			不同位置的两个开关,可同时控制一个灯或电器,暗装,高地1.3 m
3	双联单控开关			第一联功能和单联单控相同,暗装,高地1.3 m
4	双联双控开关			每一联功能和单联双控相同,暗装,高地1.3 m
5	三联单控开关			每一联功能和单联单控相同,暗装,高地1.3 m
6	三联双控开关			每一联功能和单联双控相同,暗装,高地1.3 m
7	四联单控开关			每一联功能和单联单控相同,暗装,高地1.3 m

续表 6－2

序号	名　称	图例(正立面)	图例	备　注
8	四联双控开关			每一联功能和单联双控相同,暗装,高地 1.3 m
9	声控开关			暗装,高地 1.8 m

3) 常用插座图例(表 6－3)

表 6－3　常用插座图例

序号	名　称	图　例	备　注
1	二极扁圆插座		暗装,高地 2.0 m,供排气扇用
2	二三极扁圆插座		暗装,高地 1.3 m
3	二三极扁圆插座		带盖地装插
4	二三极扁圆插座	L	暗装,高地 0.3 m
5	二三极扁圆插座	H	暗装,高地 2.0 m
6	带开关二三极插座		暗装,高地 1.3 m
7	普通型三极插座		暗装,高地 2.0 m,供空调用电
8	防溅二三极插座		暗装,高地 1.3 m
9	地插座(平面)		根据实地情况而定
10	带开关防溅二三极插座		暗装,高地 1.3 m
11	三相四极插座		暗装,高地 0.3 m

4) 常用弱电插座图例(表 6－4)

表 6－4　常用弱电插座图例

序号	名　称	图　例	备　注
1	电脑接口	C	暗装,高地 0.3 m
2	电话接口	T	暗装,高地 0.3 m,卫生间 1.0 m,厨房 1.5 m
3	电视器件箱		广电局定产品
4	电视接口	TV	暗装,高地 0.3 m
5	卫星电视出线座	SV	暗装,高地 0.3 m
6	音响出线座	M	暗装,高地 0.3 m
7	音响系统分线盒	M	置视听柜内

续表 6-4

序号	名　称	图　例	备　注
8	电脑分线箱	HUB	暗装，除图中注明外底边高地 1.0 m，型号规格见系统图
9	红外双鉴探头		由承建商安装，墙上座装，距顶 0.2 m
10	扬声器		根据实际情况而定
11	吸顶式扬声器		型号规格客户定
12	音量控制器		由扬声器配套购买，高地 1.5 m
13	可视对讲室内主机	T	由承建商安装，高地 1.5 m
14	可视对讲室外主机		由承建商安装，高地 1.5 m
15	弱电线过路接线盒	R	安置在墙内，高地 0.3 m，平面图中的数量根据穿线要求定

5）常用消防、空调图例（表 6-5）

表 6-5　常用消防、空调图例

序号	名　称	图　例	备　注
1	条型风口		大型空间中使用
2	回风口		大型空间中使用
3	出风口		大型空间中使用
4	检修口		大型空间中使用
5	排气扇		大型空间中使用
6	消防出口	EXIT	大型空间中使用
7	消火栓	HR	大型空间中使用
8	喷淋		大型空间中使用
9	侧喷淋		大型空间中使用
10	烟感	S	大型空间中使用

6.2 开关、插座设置技巧

开关、插座设计属于细节性的设计，很多人会忽略这个环节，但在居住生活中，与这个环节的联系却非常频繁，开关、插座设计得是否合理、是否便利、是否美观，对居住生活影响很大。

6.2.1 各空间开关、插座的设置

1) 开关、插座设计时的注意事项

(1) 装修风格要搭配

在前期开关面板和插座的选择上，要考虑颜色、款式与家具和家装风格相搭配，目前市面上的开关有白色、灰色、黑色、银色等。一般情况下，风格上很容易配置，如果在特殊情况下，需要创造特殊效果时：①可选择水晶面板，在夹层里用风格相同或相近的壁纸或壁布进行装饰；②可在白色的面板上绘制图案或贴膜，以此来创造独特的效果。

(2) 使用方便，符合人体工程学要求

在整个空间设计中，要考虑人在每个空间转换当中哪种最舒适，然后根据格局来考虑设置开关的位置，尽可能将不便因素降到最少。

①弹性空间处理，在比较容易变动的空间中，考虑到适当变动时开关、插座的使用是否方便。例如，考虑沙发可以有哪几种摆放方式时，根据这种考虑来设置开关、插座的位置，尽量不因空间的改动而对整个装饰产生影响。

②开关、插座设置的位置要体现人性化的细节设计。首先要充分了解客户的生活习惯，通过感受客户的生活环境和与之交谈，了解客户是否有特殊爱好。例如，某客户有在坐便时看书、在泡浴缸时喝红酒的习惯，在设计开关、插座的时候，就需要在坐便器边设置灯源，并要考虑是否在浴缸边设置温控，是否需要小冰箱等细节。所以只有真正了解客户的生活习惯，才能设计出真正符合客户需求的开关、插座体系。

2) 各空间开关、插座的一般设置

居室空间中开关、插座的设置，没有特定的模式和特定的数量，只要根据空间的功能布局更加人性化地进行设置，使用方便，就达到了相应的目的。根据空间功能特性，开关、插座的一般设置方法如下：

(1) 门厅

门厅空间中，一般在开关、插座方面应考虑如下：

①插座：预留 1 个插座。

②开关：主电源开关(双控)、装饰灯开关。

(2) 客厅

客厅空间中，一般在开关、插座方面应考虑以下几个方面：

①强电插座：电视电源插座、功放电源插座、DVD 电源插座、柜式空调电源插座、预留电源插座(一般预留在沙发的两侧)。

②弱电插座：电视信号插座、网线插座、电话线插座、音响线插座。

③开关：主电源开关(双控，一般为吊灯开关)、门厅灯开关(双控)、装饰灯开关。

(3) 阳台

阳台空间中,一般开关、插座方面应考虑如下:

①插座:预留1个插座(一般为熨衣等功能预留)。

②开关:主电源开关。

(4) 餐厅

餐厅空间中,一般开关、插座方面应考虑如下:

①插座:冰箱电源插座(要看是否在餐厅)、饮水机电源插座、预留电源插座(火锅等)。

②开关:主电源开关、装饰效果灯开关。

(5) 厨房

厨房空间中,一般开关、插座方面应考虑如下:

①插座:油烟机插座、燃气热水器插座、操作台电器插座(3~4个,用于电饭煲、豆浆机、微波炉、电热水壶等)、操作台以下插座(1~2个,用于净水器、小厨宝等)、预留插座1个,应根据客户要求在不同部位预留电源接口,并稍有富余,以备日后所增添的厨房设备使用。

②开关:主电源开关、操作台上方开关。

(6) 卫生间

卫生间空间中,一般开关、插座方面应考虑以下几个方面:

①强电插座:预留插座1~2个(吹风机、电动剃须刀等)、热水器插座、洗衣机插座等。

②弱电插座:电话插座(电话插座位置应考虑设置在坐便器的左右两侧而且电话接口应注意要选用防水型的)、音箱线插座。

③开关:主电源开关、镜前灯开关、浴霸开关。

(7) 主卧室

主卧室空间中,一般开关、插座方面应考虑以下几个方面:

①强电插座:床头灯插座、电视电源插座、空调电源插座、预留插座(1~2个)。

②弱电插座:有线电视插座、音响线插座、网线插座。

③开关:主电源开关(双控)、装饰灯开关。

(8) 儿童房

儿童房空间中,一般开关、插座方面应考虑以下几个方面:

①强电插座:床头灯安全插座、电视电源安全插座、空调电源插座、预留安全插座(1~2个)。

②弱电插座:预留有线电视插座、音响线插座、网线插座。

③开关:主电源开关(双控)、装饰灯开关。

(9) 书房

书房空间中,一般开关、插座方面应考虑以下几个方面:

①强电插座:电脑电源插座(2~4个/台,可设地插)、预留插座(1~2个)、空调插座。

②弱电插座:网线插座、音响线插座、有线电视插座。

③开关:主电源开关、装饰灯开关。

以上主要是在一般情况下开关、插座应考虑设置的内容,具体还要视每一空间功能的具体情况而定,需灵活掌握。

6.2.2　开关、插座设置图纸表达

开关、插座的位置设置是否人性化，是否符合人体工程学的要求，将给以后客户的使用带来极大的影响。所以在开关、插座设置时需特别注意，要根据每一个空间的具体使用的功能性，结合家具的具体尺寸来设置，另外图纸的绘制要详细，符号要统一，表达要清楚(如图6-1～图6-3所示)，有时还有另外一种利用符号进行标注的方法，图例、列表的内容也更加详细(如图6-4、表6-6所示)。

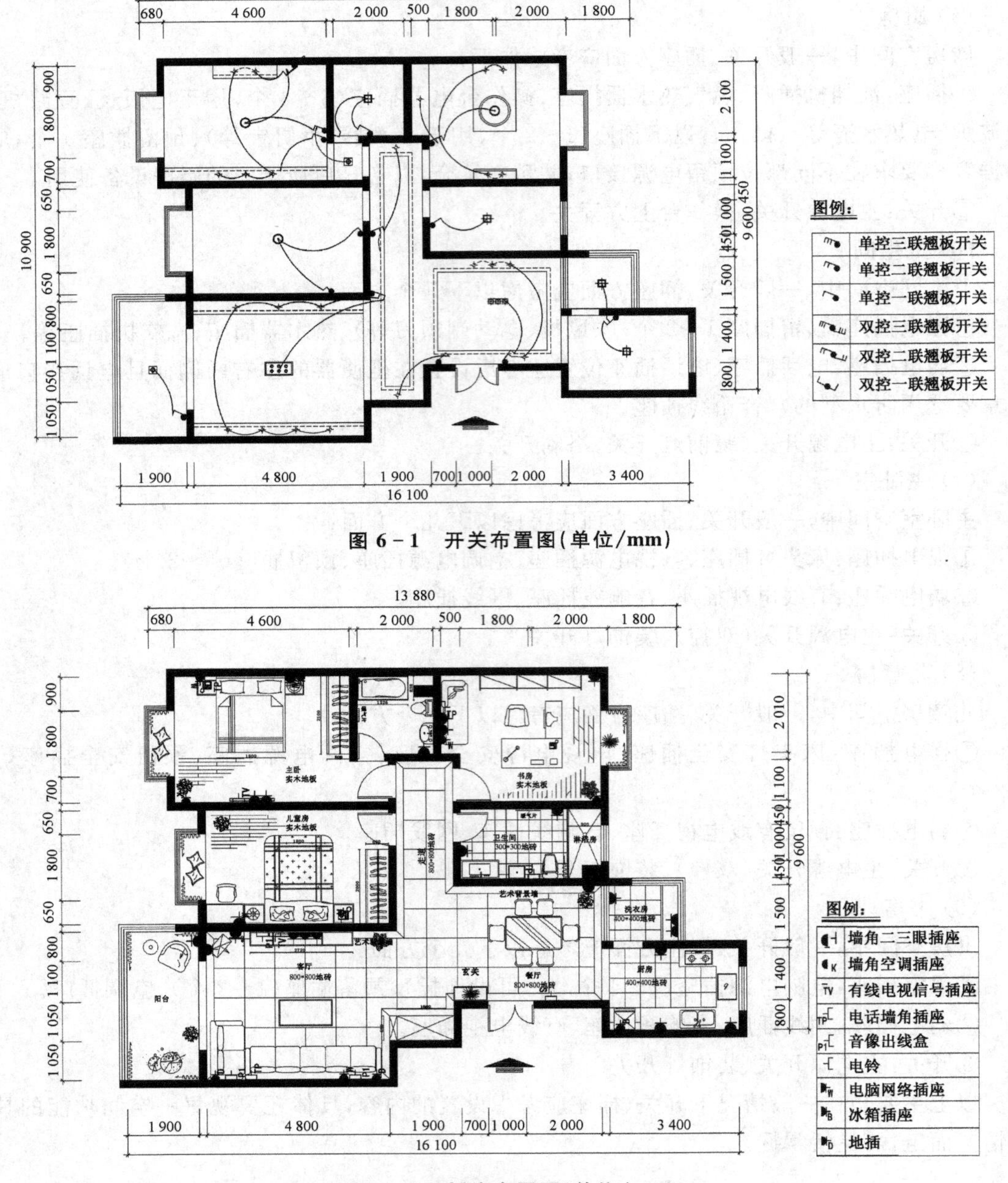

图6-1　开关布置图(单位/mm)

图6-2　插座布置图(单位/mm)

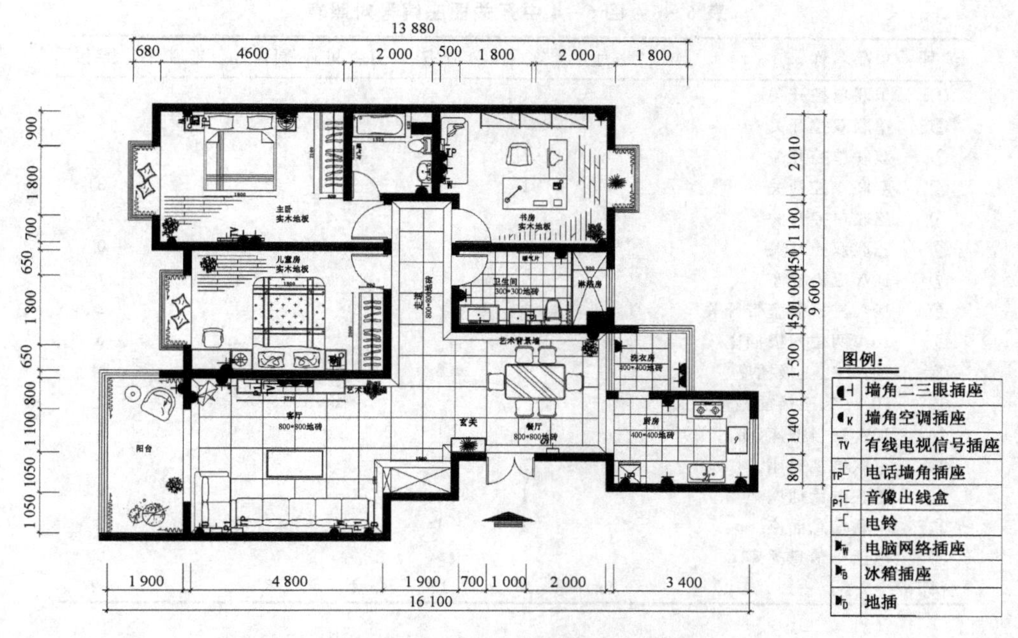

图 6－3 立面图中相关开关插座表示(单位/mm)

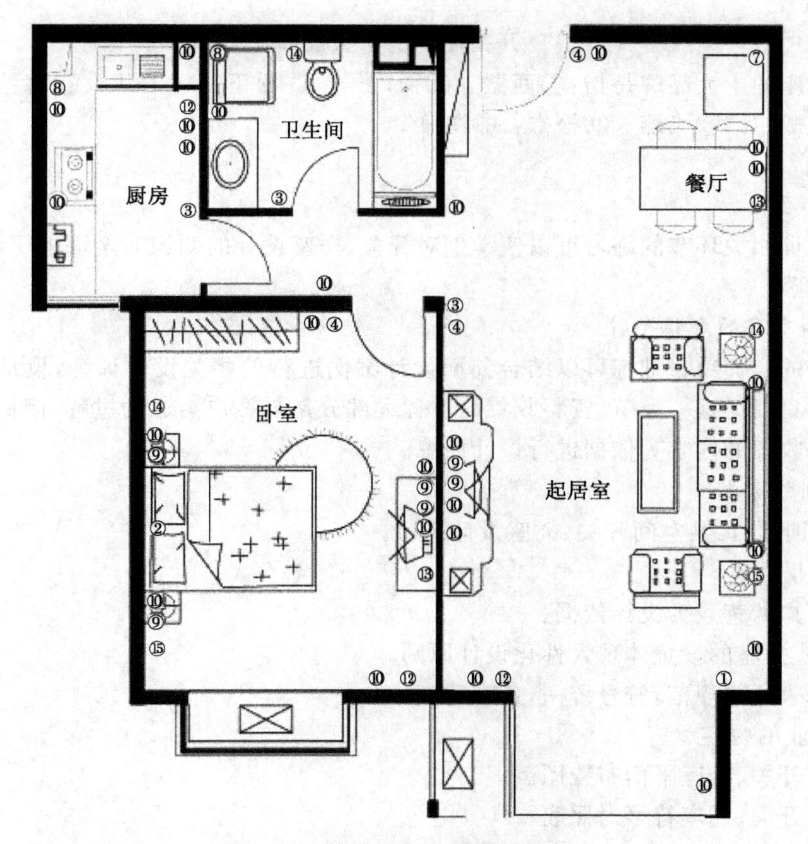

图 6－4 开关插座的平面布置图

表 6-6　图 6-4 中开关插座编号对照表

编号	单品名称	餐厅	客厅	卧室	卫生间	厨房	走道	合计
①	单联单控开关		1					1
②	单联双控开关			1				1
③	双联单控开关		1		1	1		3
④	双联双控开关	1	1	1				3
⑤	三联单控开关							0
⑥	三联双控开关							0
⑦	10A 三极插座	1						1
⑧	10A 三极插座带开关				1	1		2
⑨	10A 两位两极插座	2	4					6
⑩	10A 二、三极插座	4	7	6	1	5	1	24
⑪	10A 二、三极插座带开关							0
⑫	16A 三极插座(带开关)		1	1		1		3
⑬	单联电视插座	1	1	1				3
⑭	单联电话插座		1	1	1			3
⑮	单联信息插座		1	1				2
⑯	电话＋信息插座							0
合计		9	18	12	4	8	1	52

【知识拓展】

开关插座的十大品牌

开关插座的十大品牌是指:①西蒙　②西门子　③松下　④TCL　⑤梅兰日兰　⑥奇胜　⑦霍尼威尔　⑧飞雕　⑨松本　⑩鸿雁

【实训提纲】

1）目的要求

通过实训相关环节的练习可以使学生对开关、插座设计的知识有全面的了解与掌握,并能运用于实践。

2）实训项目的支撑条件

此环节的实训项目训练可以结合前面设计案例进行的相关设计训练,设计技巧环节中有设计师收集资料这一环节,资料收集的过程大部分是与客户沟通的过程,因此此项目可以以前面资料收集的内容为依据进行设计训练。

3）实训任务书

(1) 实训题目:某空间开关、插座设计练习。

(2) 作业要求

①以客户的背景为设计依据。

②开关、插座的设置体现人性化设计原则。

③图纸表达要规范,符号统一,条理清晰。

(3) 作业的内容

①绘制开关、插座平面布置图。

②绘制开关、插座符号对照表。

(4) 考核方法

根据学生的作业情况与平时考勤情况给学生作出优、良、合格、不合格评价。

7 居住建筑装饰设计施工过程案例分析

【内容提要】

本章主要阐述居住建筑装饰设计施工的全过程，通过本章的学习，学生将会对居住建筑装饰设计施工全过程有一个全面的了解与掌握，从而加强从理论到实践过程的过渡，综合能力将会有很大的提高，对于设计学习者来说可以起到很大的启发作用。本章的内容可以作为前几章的参考资料使用。

【教学目标】

● 了解居住建筑装饰设计与施工的流程。

● 掌握居住建筑装饰设计与施工过程中的关键环节以及注意事项。

理解居住建筑装饰设计与施工的关系，并以此引起学生对方案设计过程中的细节问题的重视。

要了解居住建筑装饰设计与施工流程，首先必须对该工程的设计方案和施工图纸有一个全面的了解，因此本章提供了一套居住建筑装饰设计与施工图纸以及该工程的施工全过程的图片介绍与分析。通过对这些内容的学习，可以详细了解居住建筑装饰设计与施工的关系以及过程。在每一节的关键地方还有相应的提示与拓展，这些可以帮助学生理解与掌握相关的内容。

7.1 案例总述

7.1.1 工程概况

本工程的施工对象为某高校的教师住宅楼，是一幢十层的框架结构小高层，所在位置为二楼，周边环境较好，总建筑面积 140 m^2 左右，三室二厅二卫，客厅、主卧室、次卧室朝阳，如图 7-1 所示。

7.1.2 设计依据

1）客户背景

男、女主人均为教师，喜好中式传统的设计元素。男主人喜好书法，女主人喜好花草；有一个 4 岁左右的儿子，性格活泼开朗。

2）设计要求

①要有足够的存放书的地方，书房设计要有气氛。

②主人房要求视觉上不能太过于拥挤。

③儿童房有足够的活动空间，有一定的玩具展示空间。

④女主人要求家里要有足够的储存空间。

⑤装饰风格上要求设计为中式现代简约式，不能过于复古。

⑥希望能够合理有效地利用空间。

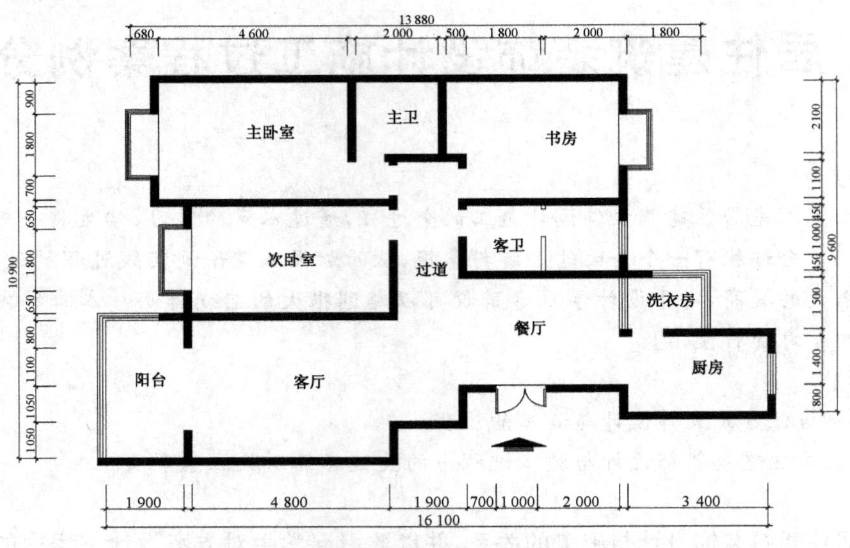

图 7-1　原始建筑平面图(单位/mm)

3) 资金投入

客户打算投入的资金为 18 万左右(包括室内硬装修以及后期的家具、电器、软装饰等)。

7.1.3　设计施工图纸

设计施工图纸如图 7-2～图 7-10 所示。

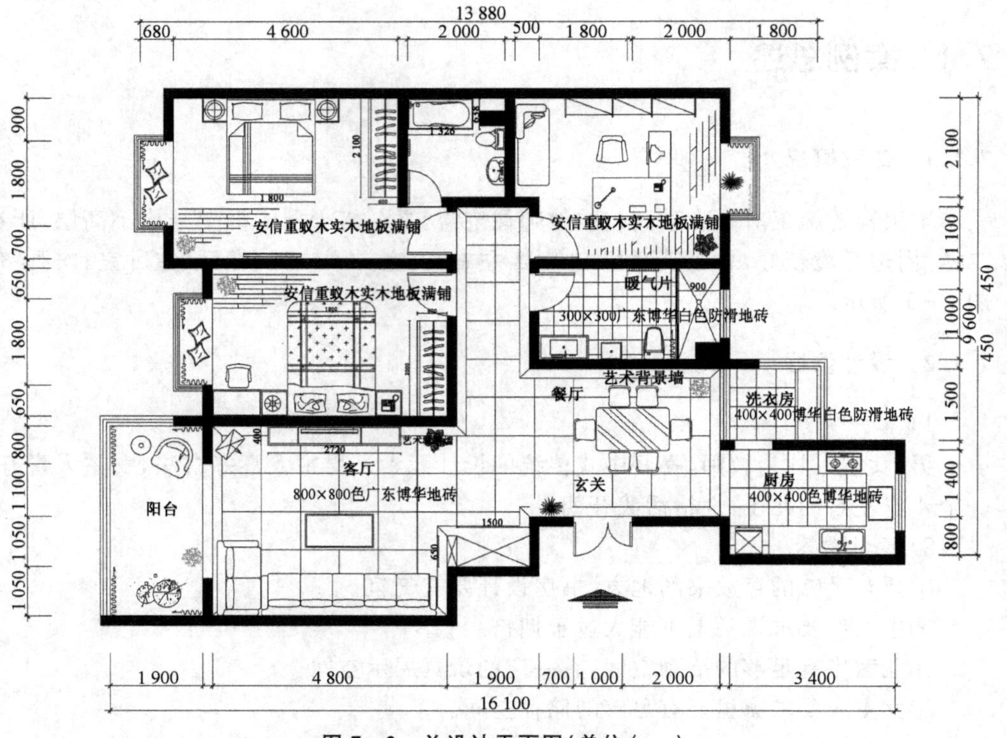

图 7-2　总设计平面图(单位/mm)

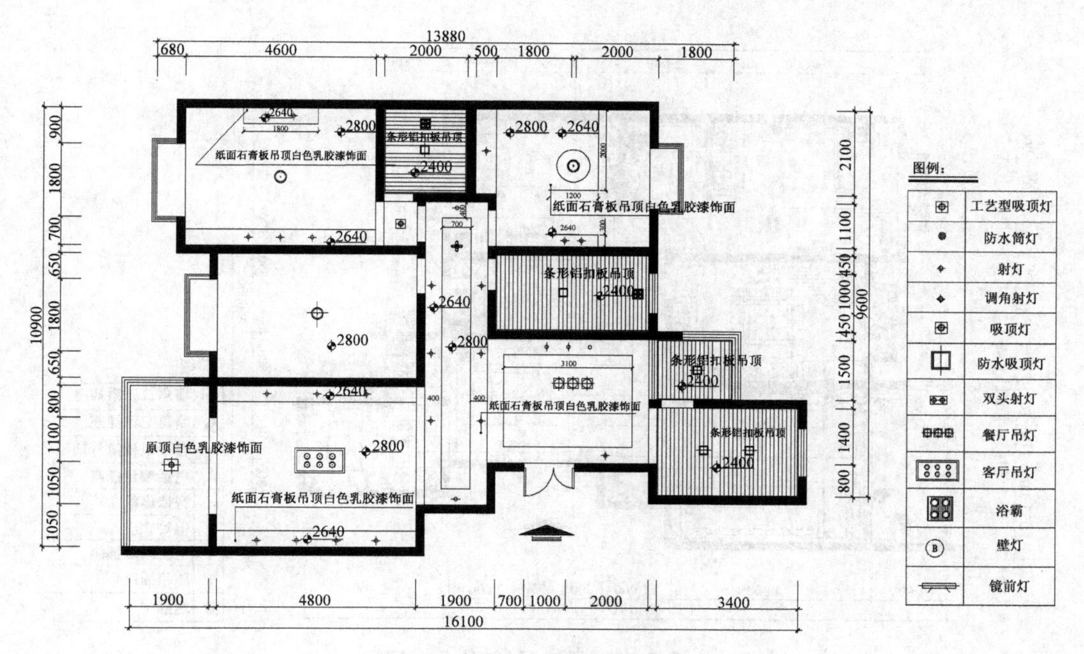

图 7－3 顶棚图(单位/mm)

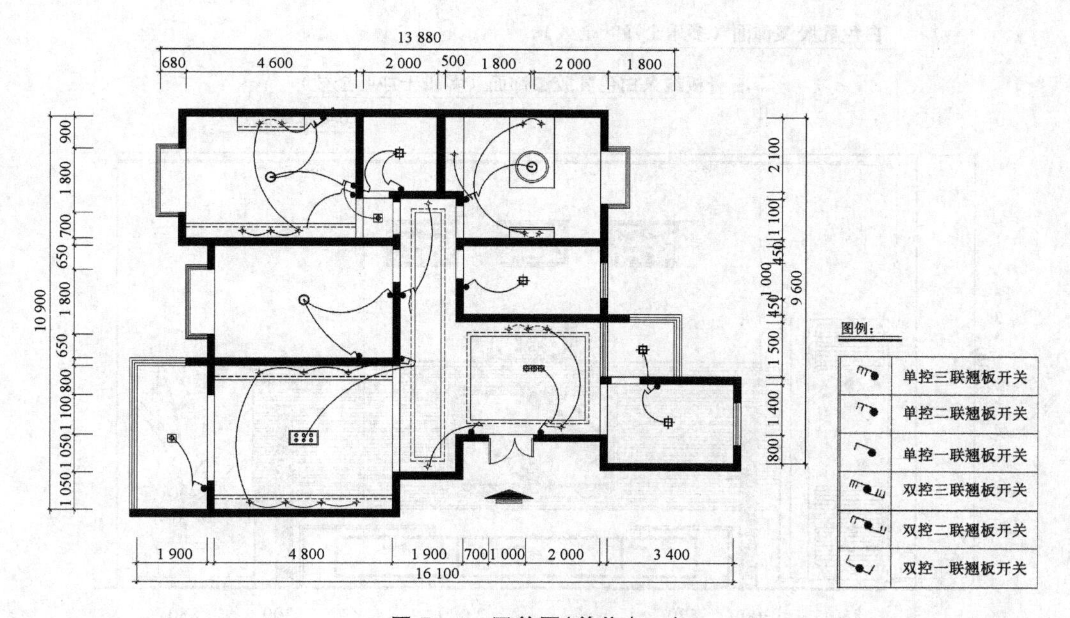

图 7－4 开关图(单位/mm)

备注：1. 空调插座及电热水器现场确定；2. 厨房插座根据橱柜图确定

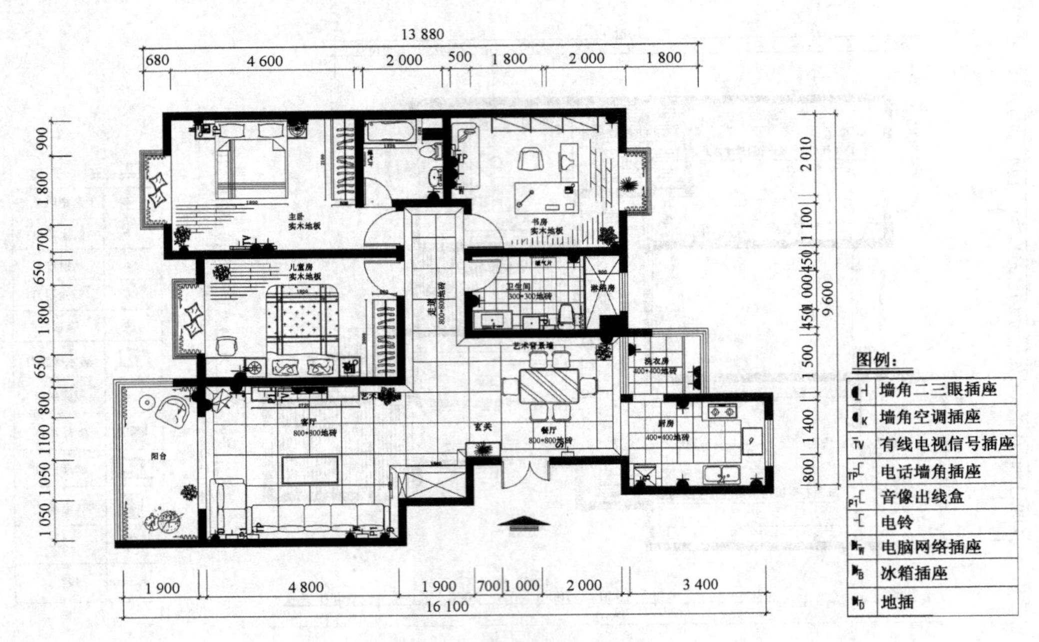

图 7－5　插座图(单位/mm)

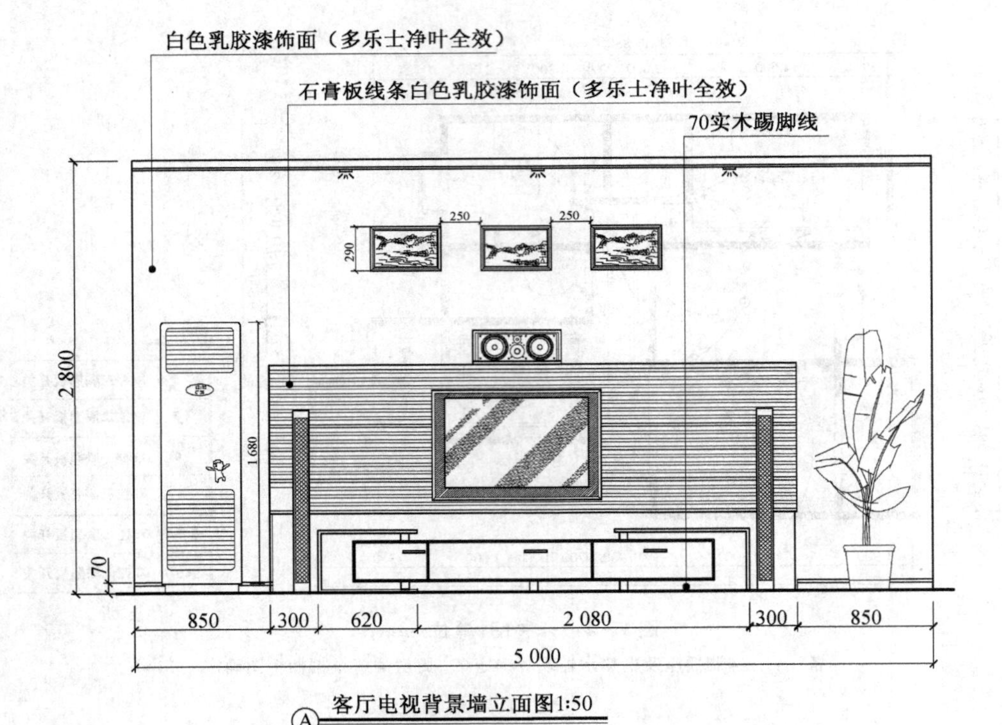

图 7－6　电视背景墙立面(单位/mm)

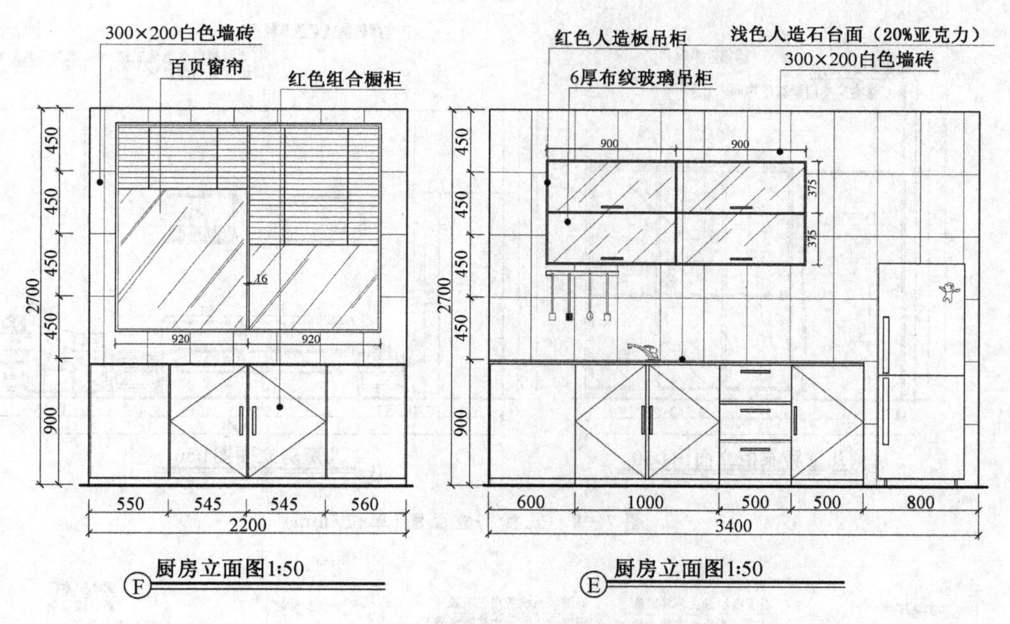

图 7－7　厨房立面图(单位/mm)

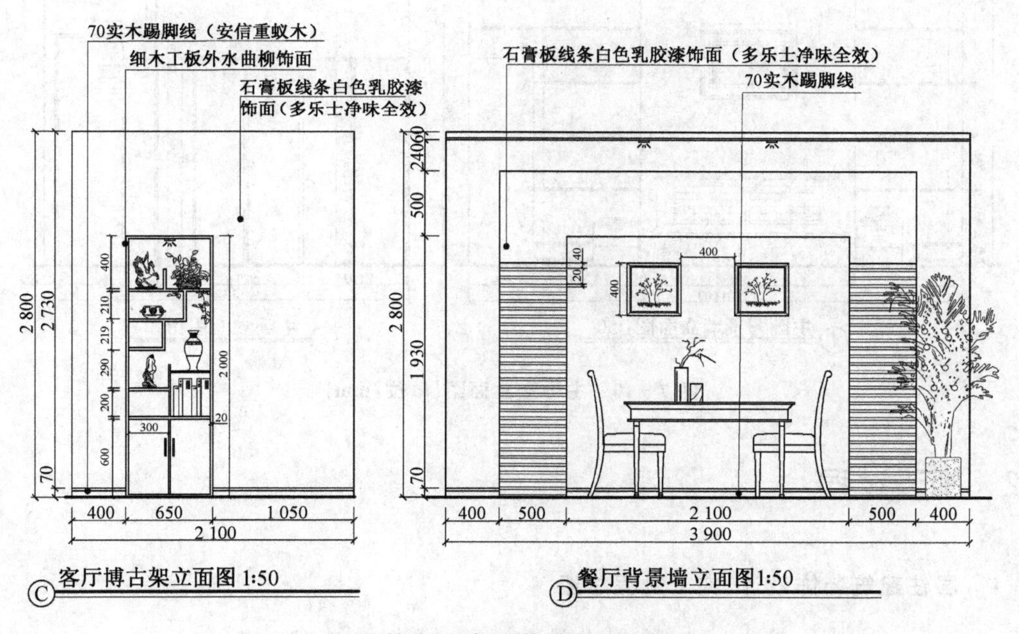

图 7－8　客厅博古架、餐厅背景墙立面图(单位/mm)

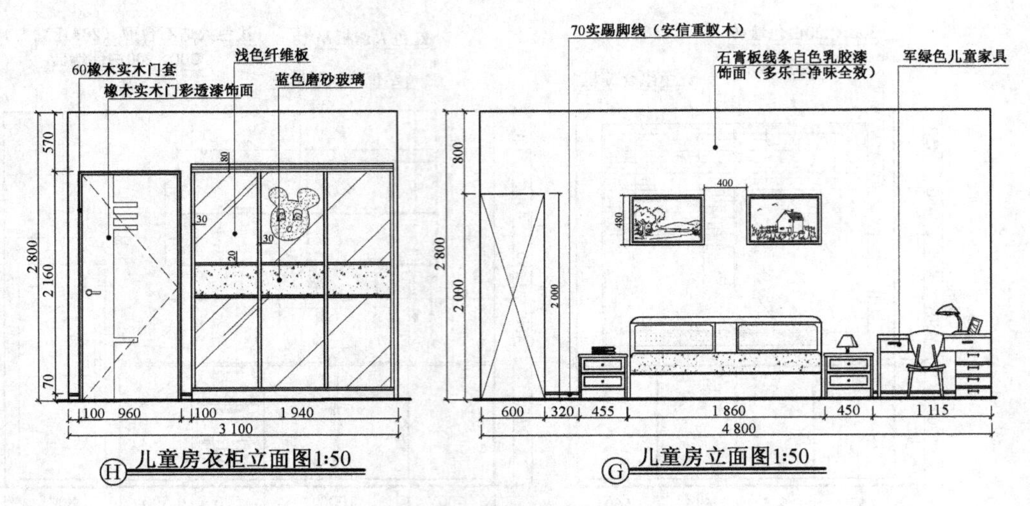

图 7-9　儿童房立面图(单位/mm)

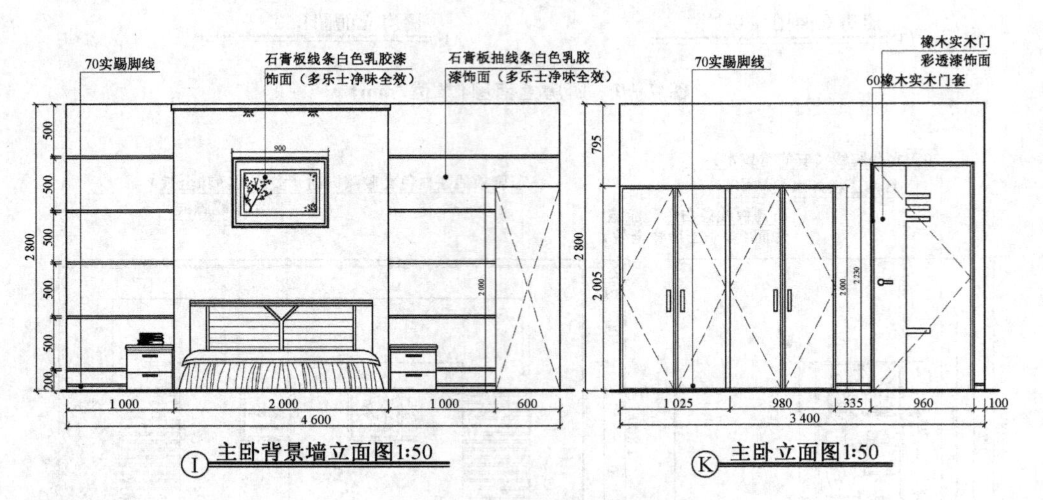

图 7-10　主卧室立面图(单位/mm)

7.2　施工过程

7.2.1　居住建筑装饰设计、施工过程总述

居住建筑装饰设计与施工过程总述如图 7-11 所示。

开工 ⇨ 隐蔽工程 ⇨ 瓦工工程 ⇨ 木工工程 ⇨ 油漆工程 ⇨ 水电五金安装 ⇨ 后期软装饰及配套

图 7-11　居住建筑装饰设计施工流程简图

7.2.2 开工

1）办理进场手续

在签订合同之后和开工之前首先办理进场手续，如填写《房屋装修申请单》、办理“开工证”、出入证、需交纳施工押金、垃圾清运费、制订施工进度表，如表 7－1 所示。

表 7－1 工程施工进度计划表

工程名称：某居室装饰工程

序号	工作日 / 工序	总工天数	2	4	6	8	10	12	14	16	18	20	22	24	26	28	30	32	34	36	38	40
1	图纸交底	1																				
2	搭设临时设施　施工准备	3																				
3	现场放线	7																				
4	天花吊筋龙骨	20																				
5	墙面龙骨基层制作	29																				
6	天花饰面板安装	28																				
7	墙面基层制作	25																				
8	天花批灰、油漆	26																				
9	墙面饰面板安装	25																				
10	门窗及固定家具制作	21																				
11	墙面砖粘贴等	8																				
12	木制作油漆	10																				
13	门窗制作安装	7																				
14	现场整理清洁	3																				

2）规章制度上墙

施工的规章制度如图 7－12、图 7－13 所示。

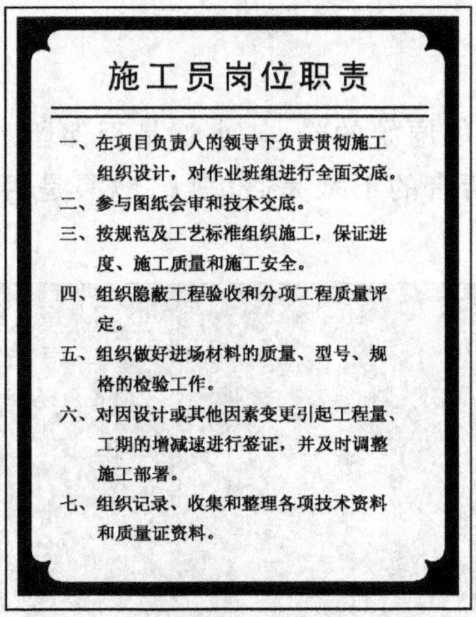

图 7－12 施工现场规章制度上墙(a)

图 7－13 施工现场规章制度上墙(b)

3）现场交底

现场交底其实在家庭装修的整个过程中，是最为关键的一步，这一步无论是对于装饰公司还是客户来说都是非常重要的。如果处理不好，会给工程进度带来不利影响。

(1) 交底人员应齐全

在交底的过程中，客户、设计师、工程监理、施工负责人四方都应参与，在交底时应全部到达施工现场，由设计师详细讲解施工工艺以及需注意的地方，再由设计师与施工负责人双方签字确认。

(2) 现场交底避免口头协议

现场交底时尽量避免口头协议，对应该明确的地方都应予以文字的形式表达出来。例如，现场的现有设备、地漏畅通情况、强弱电的完好情况（如图 7－14 所示）、门窗完好情况、原始开关插座完好情况、卫生洁具是否需要移动、部分家具的施工工艺以及造型等都需要确认，还有与这些相关的东西是否需要保留和改造，数量多少，质量怎样等都要以文字的形式出现。不方便以文字表达的就在图纸相应位置做出标记，双方签字确认。

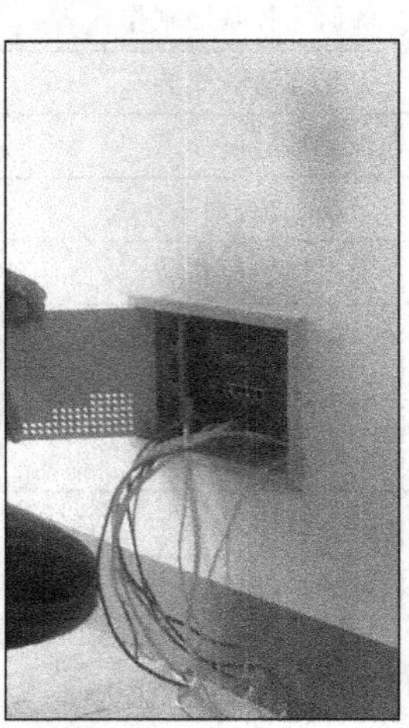

图 7－14　检查强电箱、弱电箱

(3) 现场交底的内容

现场交底的内容主要有：

①双方确认工地上的哪些东西是项目需要保留的，如原始的冷、热水管是否保留。

②检查确认现场情况，如原始防盗门是否有损坏、所有的下水是否完好、地漏是否畅通，如图 7－15、图 7－16 所示。

图 7－15　地漏检查并进行封堵

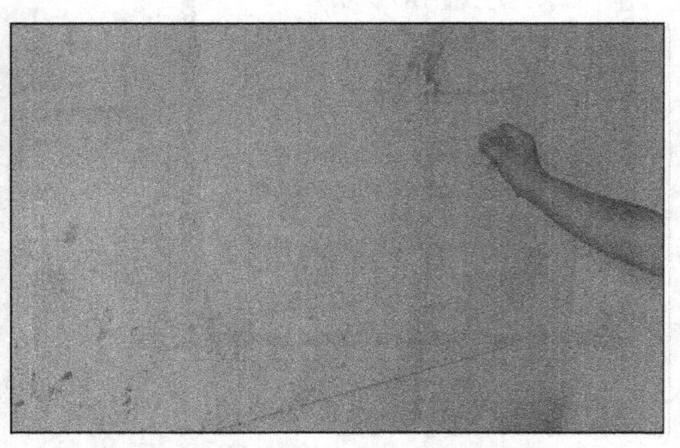

图 7－16　开关插座在相应的位置作出标记

③确认全部的工程项目，如每项的具体工程量、尺寸、造型等。

④确认工艺做法，双方签字认可。

⑤确认全部装饰材料（包括公司和客户所购）。

7.2.3 隐蔽工程

隐蔽工程是指隐蔽在装饰表面内部的管线工程和结构工程，由于涉及水电安全问题且又不便维修，因而显得尤为重要。隐蔽工程最重要的是电路、给排水和防水工程。

1）电路

电路安装对材料质量和施工工艺有很高的要求，装修方案设计阶段就应对电路作综合设计，总体规划。电路改造前现场交底时应对所有开关插座等相关图纸进行确认，改动部分在相应位置做好标记，之后进行改造，施工要规范（如图 7－17～图 7－20 所示）。布线要用 PVC 阻燃管，不能用金属管代替。电话、网线可共用一根管，有线电视要单走一根管，以免互相干扰，需特别注意的是，音响线和宽带线不能有接头，电话、网线要用接头或分配器。线管要横平竖直避免线缆扭绞。另外开槽深度为 1.5 D，开槽太浅墙面易裂缝。开槽布线之后要用水泥砂浆封好管路，灰层厚 15 mm。

图 7－17 布线要用 PVC 阻燃管，不能用金属管代替

图 7－18 各种管线各走其路，分布清晰

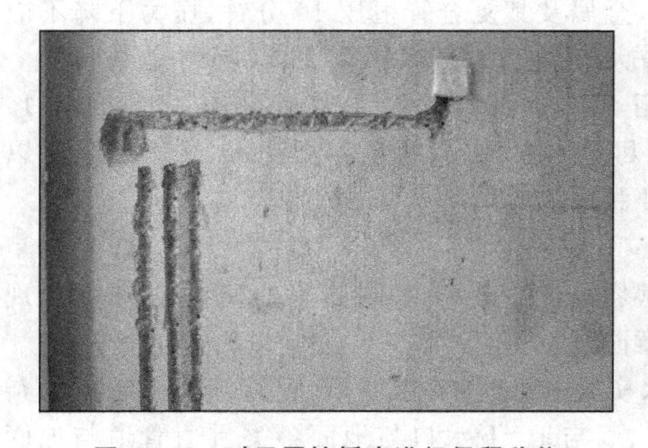

图 7－19 对于原始插座进行保留移位

图 7－20 电路的隐蔽工程

2）给排水

给排水工程是最常见的隐蔽工程，包括给水安装、排水安装，所有的管道都要保持畅通；一定要按照专业人员设置的管路走向进行施工，原则上应保证主水路管道不动。

给排水管要用 PPR 管，主给水管要用 6 分管，支管要用 4 分管。施工时要求横平竖直

(如图 7-21～图 7-23 所示),这样不仅美观而且结构清晰,也便于日后改动。另外要采用暗铺,埋在墙内应为完整的一根管,不能有接头,承重墙或带有保温层的墙面不要开槽,否则容易在表面造成开裂。

图 7-21　给排水管道采用暗铺,保持横平竖直

图 7-22　冷热水管保持水平美观,两管的间距为 3 cm

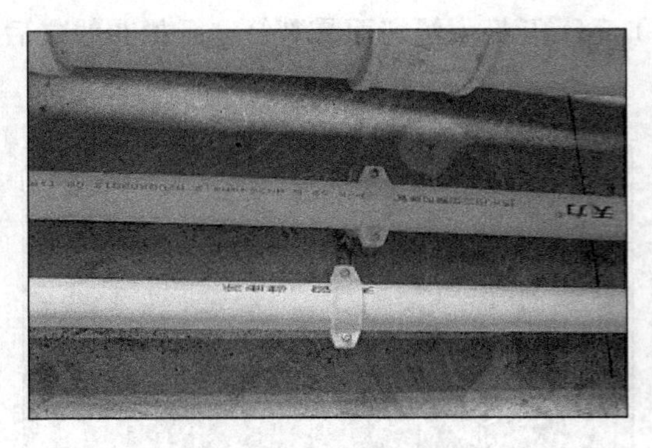

图 7-23　使用专用管卡固定

图 7-24　新增的给水管道必须进行加压试验

在管道接口处,坐便器留有一冷水管出口,脸盆、淋浴、水槽、浴缸等留有冷热两个出水口,要测试各个出水口是否正常,安装完成后必须进行加压测试,如图 7-24 所示。新增的给水管道进行加压试验时,试验压力 0.6 MPa,金属及其复合管恒压 10 分钟,压力下降不应大于0.02 MPa;塑料管恒压 1 h,压力下降不应大于 0.05 MPa,减压 2～3 h 后才能封管。

排水管最好使用 PVC 管,主管和坐便器用 100 管,其他位置用 50 管,施工之前下水口、地漏进行封闭保护,防止堵塞。原来的下水管尽量不要改动,否则容易泛水;排水管最好以最短的距离连至出口,如果管道过长,坡度也要相应加大。

3) 防水工程

厨房、卫生间管线改造,对原有的防水层很容易产生破坏,如果防水处理不好,就会出现渗漏现象,因此水路改造完成之后,一定要注意防水。

首先,在墙面施工前一定要做好 24 h 闭水实验,确定没有渗漏后,要清理掉施工中的杂物,用水泥沙浆做一次找平层;其次,对墙与墙、墙与地、下水口与地面各类贯通管道与地面的交接处进行清根处理,以免出现疏漏,等找平层干后,在厨房、卫生间墙面上做防水层,施工高度不低于 30 cm,如果是轻质隔墙,一定要对整个墙体做防水处理;然后,卫生间淋浴墙面应从地面起上返刷不低于 180 cm 的防水涂料,另外要注意,防水涂料要涂满,无遗漏、裂纹、气泡、脱落现象,要与基层结合牢固;最后,再做一次 24 h 闭水(如图 7-25 所示),验收合格后再进行下一步装修。

图 7－25 刷防水涂料之后，再一次进行 24 h 闭水试验

4）煤气管道

在装修过程中煤气管道必须明敷，不能为了美观而隐蔽起来，如图 7－26 所示，煤气表不准移位，煤气公司有专门的施工人员来安装好，自己移位时会有危险。如果考虑到装修效果一定要将煤气表移位，则必须由煤气公司的专人来负责，装修工人不得擅自拆移。另外还可以隐蔽在橱柜内部，但一定要设置活动隔板，如图 7－27 所示。煤气灶连接管用专用的金属软管，有时也可隐蔽在橱柜内部，但一定要设置活动隔板，以便日后维修检查。

图 7－26 煤气管道必须明敷，煤气表不准随便移位

图 7－27 隐蔽在厨柜内的煤气管道和气表

此外隐蔽工程中的结构工程内容，如地板、吊顶龙骨铺设、墙面门窗基层处理等在此省略，将在下一节进行说明。

5）隐蔽工程验收

隐蔽工程验收单及内容如表 7－2 所示。

表 7－2 隐蔽工程验收单

装饰装修工程名称		项目经理	
分项工程名称		专业工长	
隐蔽工程项目			
施工单位			
施工标准名称代号			
施工图名称及编号			
隐蔽工程分项目	质量要求	施工单位自查记录	监理(建设)单位验收记录
客户验收结论			
施工单位自查结论			
监理(建设)单位验收结论			

7.2.4　瓦工工程

瓦工工程主要指墙面和地面的贴砖工艺，另外还包括补洞修复、砌墙粉刷等，是装修质量优劣的关键。

1）墙砖铺贴

墙砖铺贴主要指厨房、卫生间的墙面砖铺贴，施工过程中要求严格按照施工规范进行操作。

(1) 材料进场

材料指水泥、黄沙、墙砖、地砖、填缝剂等，如图 7－28 所示，材料进场需相关人员进行签字验收。

(a)黄沙

(b)水泥、墙地砖

图 7－28　黄沙、水泥、墙地砖等堆放到开敞空间

(2) 包柱、砌墙粉刷

墙砖铺贴之前需要对厨房、卫生间内的水管进行包柱处理，之后还要进行抹灰处理，如图 7-29、图 7-30 所示。

图 7-29 包柱处理

图 7-30 抹灰处理

(3) 铺贴要点

墙、地砖铺贴是一个技术性较强的工序，如果施工不当，最容易出现瓷砖空鼓、对缝不齐等问题。另外，铺贴瓷砖用的水泥和黏结剂也有要求，如果配比不合理也会出现脱落等问题。依据相关规定，要求墙、地砖铺贴应平整牢固、图案清晰、无污垢和浆痕，表面色泽基本一致，接缝均匀，板块无裂纹、掉角和缺棱，局部空鼓不得超过总数的 5%。

①检查墙砖：要仔细检查墙砖的几何尺寸，如长度、宽度、对角线、平整度、色差、品种以及每一件的色号，防止混等、混级，如图 7-31 所示。

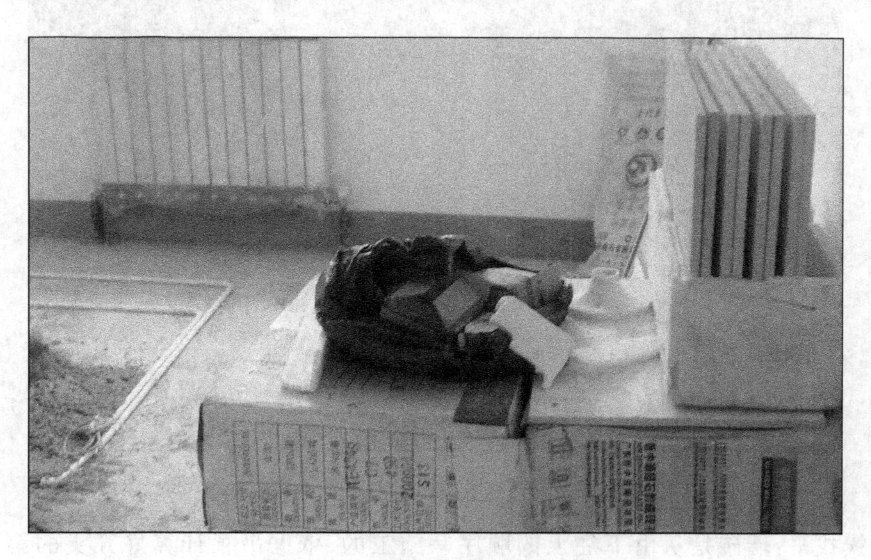

图 7-31 检查墙砖的尺寸色号

②基层清理：施工前要全面清理墙面上的各种污物，浇水湿润墙面，如果墙面裂缝不平

整，要找平后再贴砖，如图 7 - 32 所示。基层平整度、垂直度误差如果超过 20 mm，必须用 1∶3水泥砂浆打底找平后方能进行下一道工序。如果墙面是涂料基层，必须洒水后把涂料铲除干净，并且打毛，方能施工。

图 7 - 32 清理墙面污物，浇水湿润墙面，检查基层平整度、垂直度

③墙砖浸泡：墙砖铺贴之前应在清水中浸泡半小时，以砖体不冒泡为准，取出晾干待用，如图 7 - 33 所示。墙砖浸泡的目的是为了让瓷砖吸足水分，因为瓷砖也有一定的吸水率，倘若瓷砖本身湿度不够，一旦遇到潮湿，就会导致空鼓现象发生。

图 7 - 33 墙砖施工前进行浸泡

④弹线找平：墙砖是从由下往上的顺序来施工的，依据吊顶计算好开头的第二排高度（一般不会超过一片砖的长度），依次往上贴，按照水平线固定好，再用水平尺测量，如图 7 - 34所示。弹线找平用水平尺、铅锤等工具计算找平线、垂直线，墙砖铺贴前必须找准水平

及垂直控制线，垫好底尺，挂线铺贴，做到表面平整。铺贴应自下而上进行，整间或独立部位必须当天完成或将接头留在转角处。

(a)

(b)

图 7-34 弹线找平、垂直

⑤贴砖：一般用水泥∶胶水∶水＝100∶5∶30左右的水泥砂浆来铺贴墙砖，铺贴时在瓷砖背面抹满1 cm左右厚度的灰浆，四边刮成斜面（如图7-35所示），贴于已浇水湿润的墙面基层上，就位后用橡皮锤轻轻敲击瓷砖，使其粘牢平整，每贴几块要检查平整度和缝隙，如图7-36所示。如果墙砖带有腰线则一定要注意检查腰线与墙砖的尺寸是否吻合，腰线在铺贴前，要检查尺寸是否与墙砖的尺寸符合相关模数关系，案例中下腰线离地不低于800 mm，上腰线离地1 800 mm，如图7-37所示。铺贴时遇到管线开关，必须用整砖套割吻合，禁止用非整砖拼凑铺贴，墙砖不允许断开；在水龙头的位置，需要将墙砖在相应的位置利用切割机掏孔，掏孔应严密，如图7-38所示。挖孔时允许有一点误差，水龙头安装时有一个盖板，会遮住误差面。整间或独立部分应一次完成，不能一次完成时应将接茬口留在施工缝或转角处。

图 7-35 水泥要均匀抹在瓷砖上，四边刮成斜面

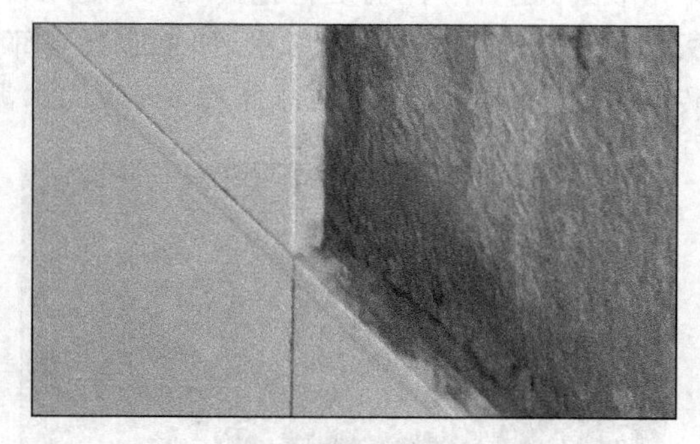
图 7-36 调整平整度

(a)

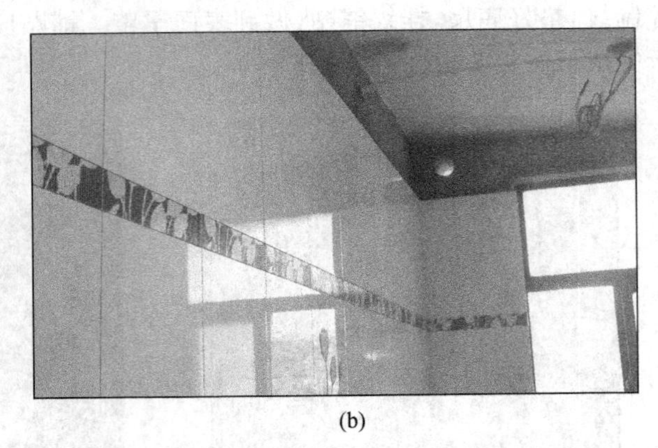
(b)

图 7－37　墙砖粘贴，平整不宜大于 1 mm，横竖缝必须完全贯通，严禁错缝

图 7－38　特殊情况下的处理

墙砖贴到墙角时，要根据尺寸来裁瓷砖的大小，施工人员使用划戟来裁瓷砖，如图 7－39 所示，遇到阳角的地方要利用阳角的两种处理手法进行处理，一种是塑料 PVC 半圆形阳角条来收边，还有一种就是将瓷砖切 45 度角，因为效果特别好，所以是目前最主流的收口方法，如图 7－40、图 7－41 所示，如果遇到有部分空鼓的地方，要重新返工进行处理，即取下墙砖，铲掉原有砂浆，用加占总体积 3%胶的水泥砂浆进行修补，如图 7－42 所示。

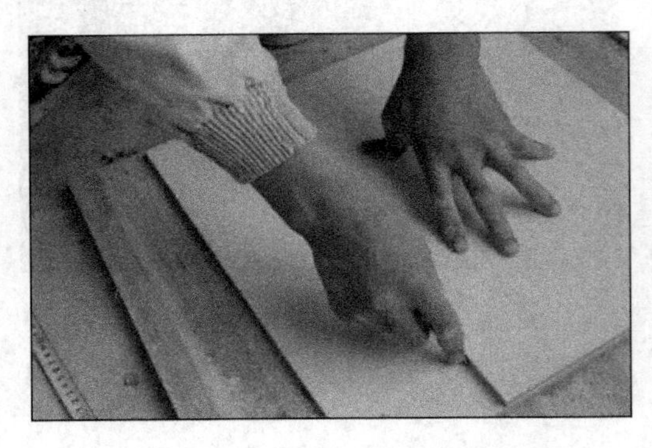

图 7－39　利用划戟裁割瓷砖

图 7－40　45 度角切割收口方法

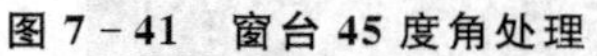

图 7-41 窗台 45 度角处理

图 7-42 空鼓处理

铺贴完毕后，及时清除水泥污垢，将缝隙清理干净，用软棉布擦洗表面，接缝处用毛刷蘸瓷砖填缝剂填缝，如图 7-43、图 7-44 所示。

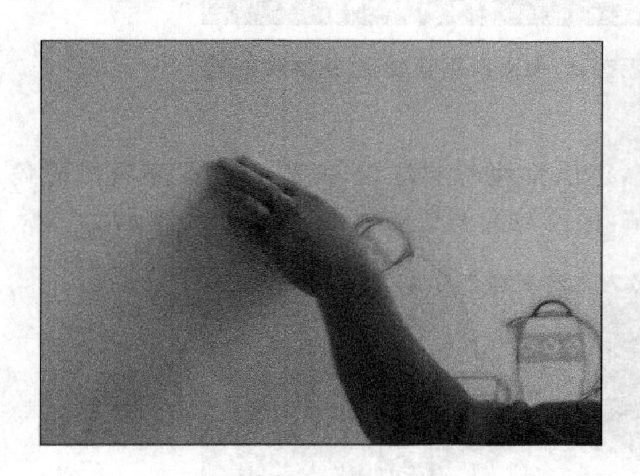

图 7-43 利用填缝剂填缝

图 7-44 墙砖铺贴最后完成效果

2）地砖铺贴

地砖铺贴主要指厨房、卫生间、客厅、阳台等处的地砖铺贴，施工过程中严格按照施工规范进行操作。玻化砖在铺贴时有两种铺设的方式，即干铺和湿铺。湿铺的方法在 20 世纪 90 年代应用较多，但是湿铺砂浆的水分多，凝固过程中水分蒸发，形成小气泡，易在地砖与砂浆之间产生空隙，造成地砖铺贴后空鼓。因此随着对地砖铺设质量要求的提高，干铺逐渐替代了湿铺，成为地砖铺设的主要方法，本节主要介绍的就是干铺方法。

(1) 开箱检查

开箱时应认准产品规格、尺寸、色号等，把相同色号的产品贴于同一部位，切勿将不同色号的产品混在一起铺贴(除非有意识地要求获得某种特殊装饰效果)。

(2) 基层处理

先将地面进行清理并洒水湿润，如果没有清洁干净，水泥砂浆就不能和地面紧密黏结。涂刷水灰比为 1∶(0.4～0.5)的水泥浆，随刷随铺，用水泥砂浆找平层，如图 7-45 所示。

图 7-45　找平层时 1∶3 干硬性水泥砂浆，表面应平整坚硬，无油脂杂质

(3) 找基准线试铺

铺贴施工时应按既定图案，先在地面弹线，定出每块砖的位置，次等砖放在家具或阴角下；同时按标高做出灰饼，试铺无误后进行铺贴，保证地面面层的水平，如图 7-46 所示。

图 7-46　找出水平线进行地砖试铺，保证铺贴后的地面水平

(4) 干铺施工要点

干铺对技术要求比较高，因为砂浆层比较厚，造价当然比较高。一般的，砖干铺的厚度是 5 cm 左右，其中包括玻化砖的厚度(大约在 1 cm 左右)，如图 7-47 所示。

将地砖放在砂浆上面，用橡皮锤敲，要让地砖和砂浆紧密结合，力度要适中，否则就会造成地砖空鼓；水泥砂浆铺垫的找平层区域不宜过大，以免找平层水泥砂浆超过初凝时间(约 45 分钟)，造成面砖与黏接层黏结不密实，出现易空鼓等质量问题，如图 7-48 所示。

之后把地砖拿起，将水泥砂浆均匀地抹在砖的背面，厚度大约在 1 cm 左右，地砖是靠这层水泥砂浆和下面的干砂浆黏结的，如图 7-49、图 7-50 所示，铺贴时用橡皮锤锤实，随时用水平尺检查调整，及时清理表面水泥砂浆。其中须注意，铺贴时砖不能紧靠墙面，要留出伸缩缝，以防止热胀冷缩，如图 7－51 所示。如果是卫生间、厨房、阳台的地面应向地漏倾斜，倾斜度应控制在 2%的坡度。贴好后用硬纸板保护地面，地面不要有细砂粒，24 h 内不要在上面走动，如图 7－52 所示。

图 7－47　找平层的砂浆的厚度保持在 5 cm 左右

图 7－48　利用橡皮锤敲击找平

图 7－49　第一遍找平后，将地砖拿起来去抹水泥砂浆

图 7-50　地砖背面抹上大约 1 cm 厚的水泥砂浆

图 7-51　预留一定的伸缩缝

图 7-52　清理表面的细砂,之后进行地面保护

3) 瓦工工程验收

瓦工工程验收内容如表 7-3 所示。

表 7-3 瓦工工程验收单

<table>
<tr><td>装饰装修工程名称</td><td colspan="2"></td><td>项目经理</td><td></td></tr>
<tr><td>分项工程名称</td><td colspan="2"></td><td>专业工长</td><td></td></tr>
<tr><td>瓦工工程项目</td><td colspan="4"></td></tr>
<tr><td>施工单位</td><td colspan="4"></td></tr>
<tr><td>施工标准名称代号</td><td colspan="4"></td></tr>
<tr><td>施工图名称及编号</td><td colspan="4"></td></tr>
<tr><td>瓦工工程分项目</td><td>质量要求</td><td>施工单位自查记录</td><td colspan="2">监理(建设)单位验收记录</td></tr>
<tr><td></td><td></td><td></td><td colspan="2"></td></tr>
<tr><td></td><td></td><td></td><td colspan="2"></td></tr>
<tr><td></td><td></td><td></td><td colspan="2"></td></tr>
<tr><td></td><td></td><td></td><td colspan="2"></td></tr>
<tr><td></td><td></td><td></td><td colspan="2"></td></tr>
<tr><td></td><td></td><td></td><td colspan="2"></td></tr>
<tr><td>客户验收结论</td><td></td><td></td><td colspan="2"></td></tr>
<tr><td>施工单位自查结论</td><td></td><td></td><td colspan="2"></td></tr>
<tr><td>监理(建设)单位验收结论</td><td></td><td></td><td colspan="2"></td></tr>
</table>

7.2.5 木工工程

木工工程主要指门窗套帘制作、木制品加工、橱柜防火板、造型吊顶等,但居住建筑装饰装修空间不同,木工工程的内容也有所不同。本案例中木工工程的内容主要包括:各空间吊顶(如过道、厨房、大小卫生间、餐厅、客厅、书房、主卧室)、墙面造型(如电视背景墙、餐厅背景墙)、家具(如鞋柜、电视柜、储藏柜、博古架)。其他像橱柜、门、门套、木地板、踢角线等内容由客户负责完成。

1) 材料进场

根据材料清单组织木工工程材料进场,内容主要包括:木龙骨、细木工板、石膏板、饰面板、杉木集成板、铝扣板、相关辅料等,如图 7-53~图 7-59 所示,由相关人员进行签字验收。在材料储存过程中要注意防火、防潮,放到合适的空间。另需注意,饰面板在进场之后应立即封一遍底漆,防止在储存的过程中弄脏饰面板,对后期做彩透漆产生影响。

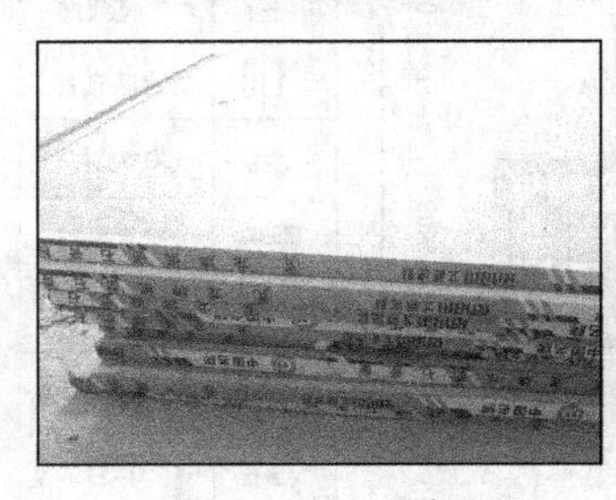
图 7-53 石膏板

图 7-54 细木工板

图 7-55 相关辅料(1)

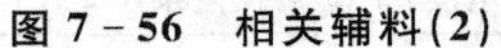

图 7－56　相关辅料(2)

图 7－57　杉木集成板

图 7－58　木龙骨、铝扣板

图 7－59　水曲柳饰面板、封底漆

2）吊顶工程

吊顶工程主要包括过道、厨房、大小卫生间、餐厅、客厅、书房、主卧室等空间的吊顶，在这里就不一一作介绍，只以客厅和厨房的吊顶为例进行分析。在案例 1 中，从顶棚设计图可以看出，餐厅、客厅、书房、主卧室、过道等空间都是用木龙骨石膏板白色乳胶漆局部吊顶，吊顶造型简洁，如图 7－60 所示。

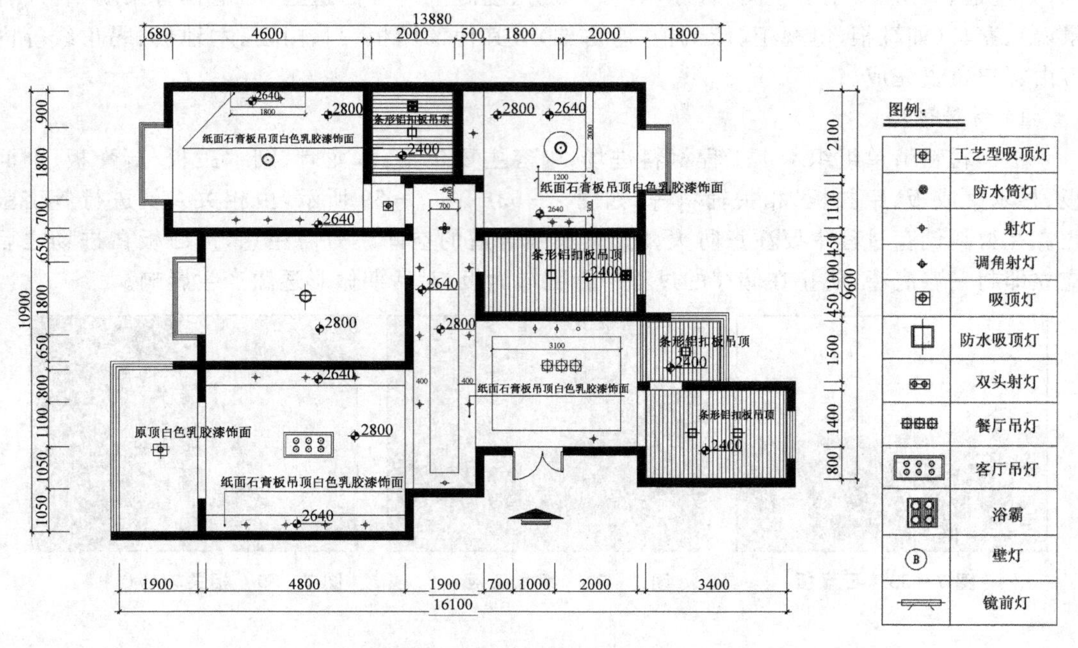

图 7－60　顶棚图(单位/mm)

案例 1:客厅木龙骨石膏板吊顶

(1) 施工前的准备

①吊顶施工前认真检查结构尺寸,核对空间结构尺寸。

②要详细检查管道设备安装的质量,特别要注意上下水、暖通管道有无渗漏。

③图纸审核:针对施工图纸,客户、设计师、木工负责人等进行交底,签字确认。

④木龙骨处理:为保证吊顶的质量,对所采用的木龙骨要进行筛选,将其中的腐朽、开裂、虫蛀等部分去掉,未安装之前要进行防火处理,刷或喷涂防火涂料,如图 7 - 61 所示。

图 7 - 61 木龙骨防火处理,刷或喷涂防火涂料后放在通风干燥处以备使用

(2) 施工要点

①弹线找平:根据"室内墙+50 cm"水平基准线,用尺量出顶棚的设计标高,沿墙四周弹出水平线,并在顶上弹出造型、高低变化交界线,如图 7 - 62 所示。

图 7 - 62 弹线找平线,定出顶棚造型的标高与尺寸

②吊点位置的确定:吊点布置要视顶棚造型而定,但一般是按 1 个/m^2,两个吊点间距可

在 800～1 200 mm，要求吊点均匀布置。

③安装紧固件：居住建筑木吊顶多属装饰性的、局部的吊顶造型，其吊件多采有木枋或钢构件。

④木龙骨的拼装与安装：纵横交错的木龙骨构成格栅网架。格栅网架可在吊顶上拼装，也可在地面上进行分片拼装后吊装，这样更便于施工；另外根据吊顶的结构情况确定分片位置和尺寸，尺寸不宜过大，否则不便吊装，如图 7－63 所示。先固定沿墙龙骨，一般可在墙面上的吊顶标高线以上 10 mm 处钻孔，孔径 12 mm，孔距 500～800 mm，在孔内塞入木楔，将沿墙木龙骨用铁钉固定于木楔上，并使木龙骨底边与吊顶标高线一致。

图 7－63　木龙骨安装

⑤饰面板的安装：饰面板构成吊顶的面层，本案例为局部吊顶，面积较小。安装时，按木龙骨中心线尺寸在饰面板正面用铅笔画定位线，保证饰面板安装时圆钉能将饰面板钉固在木龙骨上；将装饰面板正面朝下，用排斜钉钉固在木龙骨上，钉长视饰面板材料面定，钉距在 100 mm 左右，如图 7－64 所示。另外其他房间的局部吊顶，如图 7－65 和图 7－66 所示。

图 7－64　饰面板的安装

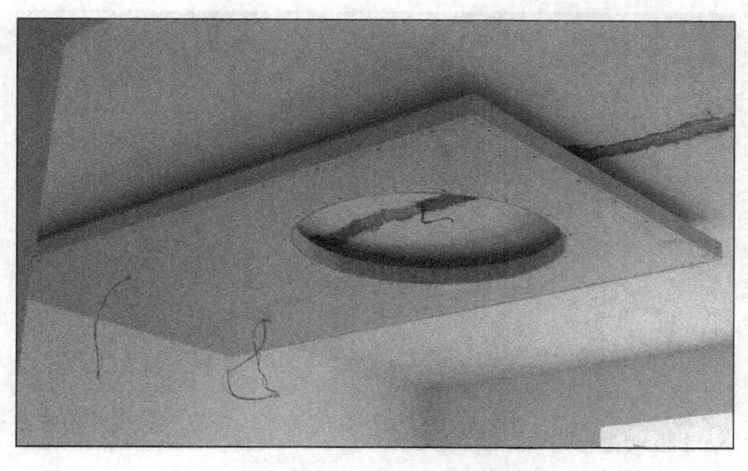

图 7 - 65　书房吊顶完成效果

图 7 - 66　过道吊顶完成效果

案例 2：厨房 PVC 扣板吊顶

(1)施工前的准备(此部分内容与案例 1 基本相同)

①吊顶施工前认真检查结构尺寸，核对空间结构尺寸。

②要详细检查管道设备安装的质量，特别要注意上下水、暖通管道有无渗漏。

③图纸审核：针对施工图纸，客户、设计师、木工负责人等进行交底，签字确认。

④木龙骨处理：为保证吊顶的质量，对所采用的木龙骨要进行筛选，将其中的腐朽、开裂、虫蛀等部分去掉，未安装之前要进行防火处理，刷或喷涂防火涂料。

(2) 施工要点

①弹线找平、吊点固定、龙骨安装方法与案例 1 的木龙骨饰面板吊顶相同，如图 7 - 67～图 7 - 70 所示。

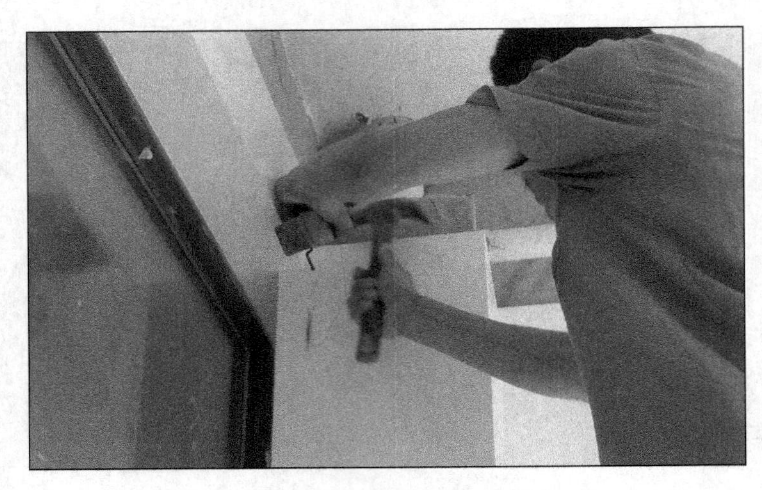

图 7－67 弹线找平

图 7－68 钻孔固定沿墙龙骨

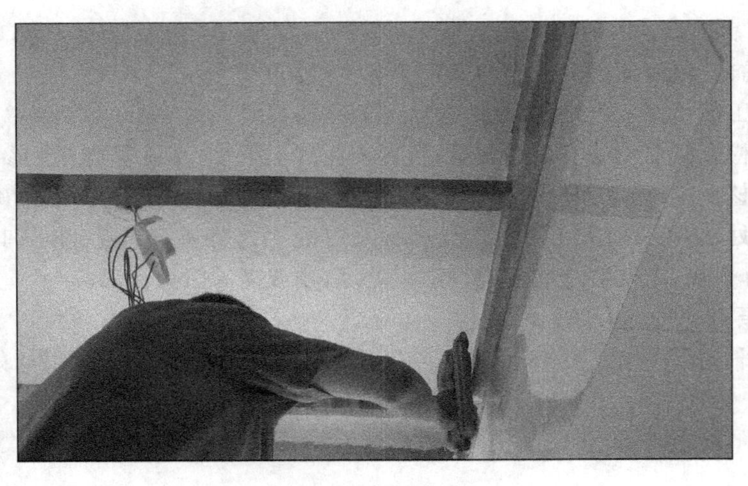

图 7－69 龙骨安装

图 7 - 70 中间为吸顶灯作撑板

②塑料压线条安装：因条形 PVC 板侧向可以互相插接，只需将侧向凹边用钉固定在木龙骨上即可，如图 7 - 71 所示。

图 7 - 71 在转角处用阴角塑料压线条封闭，平缝线条只用在横向接头处

③条形 PVC 板安装：条形板根据房间尺寸和装饰要求，要合理计算确定板条铺钉方向，使室内棚面尽量不产生板材接头。铺钉第一块条形板时，板材正面朝下，带凹槽口侧朝外，将靠墙一侧的凸榫边插入第一块板凹槽中，把第一块板的钉头盖住并被凹槽卡住，随后将第二块板凹槽口侧边用钉固定，依此类推，最后一块板根据实际尺寸裁割，在其侧边用钉固定，如图 7 - 72 所示。

④局部处理：条形板铺钉时，要控制好板缝宽度，使其均匀顺直，墙面与顶棚交界处用塑料阴角线封盖，线条在墙角转角处用对应的塑料压角线封盖，接头部位做 45 度斜接，如图 7 - 73 所示。

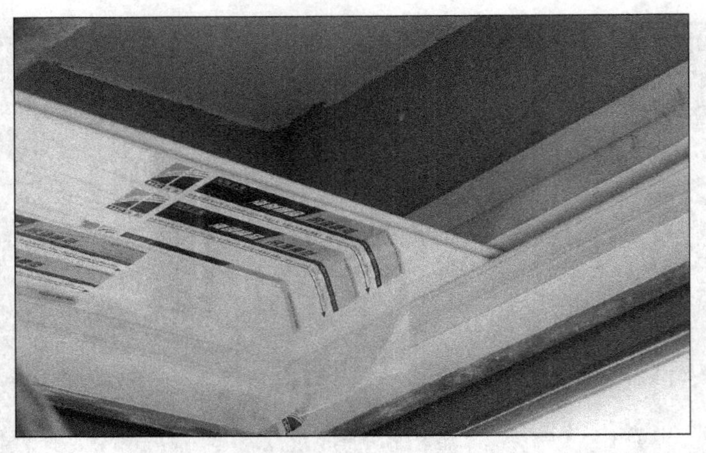

图 7－72　条形 PVC 板安装

图 7－73　塑料角线封盖，接头部位做 45 度斜接

3）家具工程

由于本案例中大部分家具都是由客户购买的成品家具，只有小部分小家具由木工来完成，因此在这里就不作详细的介绍，如图 7－74～图 7－78 所示。

图 7－74　客厅博古架

图 7－75　过道储藏柜(杉木集成板)

图 7-76 客厅电视背景墙

图 7-77 客厅电视柜

图 7-78 洗衣房的矮柜

4）门套及门扇工程

此案例中木门及门套由客户购买成品，在木工将要结束时通知厂家进行安装，内容主要包括门套及门扇的安装。

(1) 门套和门扇的安装

门套和门扇的安装工作主要有以下几个方面：

①现场拆封：将产品运到施工现场，现场拆封，由安装负责人和客户共同对木门质量进行检验。装修工人检查核对各项部件，确定待安装的规格尺寸，制订安装计划，如图 7－79 所示。

图 7－79 现场拆封

②组装门套：按照既定尺寸在平整清洁的地面对门套进行组装，如图 7－80 所示。

图 7－80 组装门套

③临时固定门套：将门套放入洞口，用木楔和发泡胶进行临时固定。临时固定点位于门套左上角和右上角位置，如图 7 - 81～图 7 - 83 所示。

图 7 - 81　用木楔固定

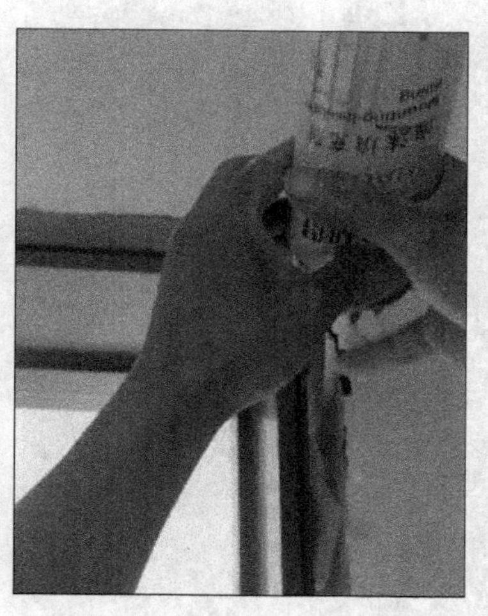

图 7 - 82　用发泡胶临时固定

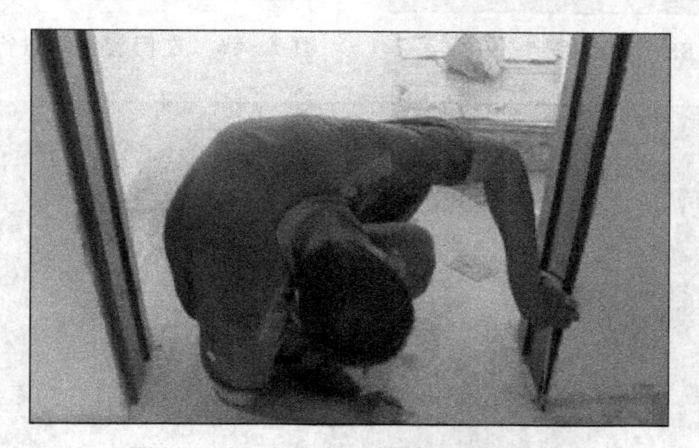

图 7 - 83　为实木地板铺设留足空间

④安装门扇：将门扇用合页固定在门套上，上下固定，以防门扇扭曲倾斜，但要注意，留部分螺丝不能拧紧，以备后面调整，如图 7 - 84、图 7 - 85 所示。另外运用专用工具在门套内侧进行横向和竖向支撑，如图 7 - 86 所示，对门扇边缝等细小部位进行调整；运用垂线等工具进行垂直度调整，确保门是垂直的，如图 7 - 87 所示。

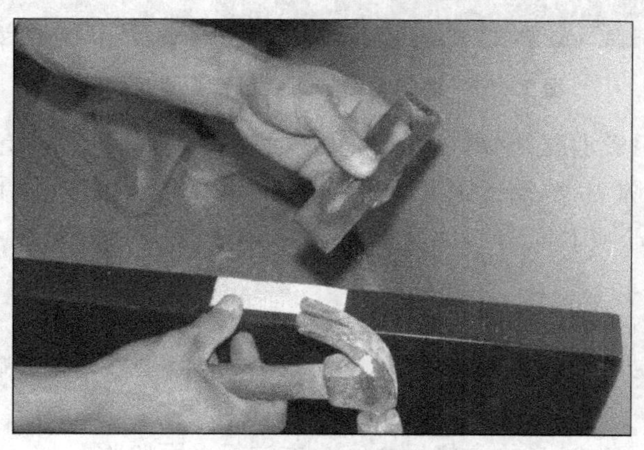

图 7 - 84　剔槽、安装合页

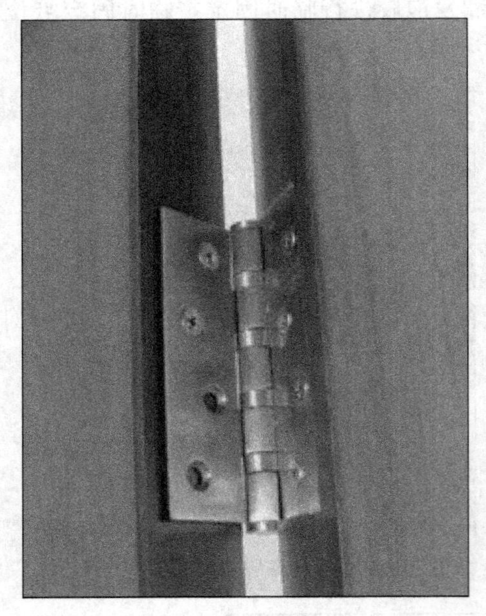

图 7-85　合页固定

图 7-86　在门套内侧进行横向和竖向支撑

图 7-87　运用垂线等工具进行垂直度调整

⑤胶结固定：使用发泡胶结材料对已调整好的成套门进行最后固定，将发泡胶注入门套与墙体之间的结构间隙内，填充密实度应达到 90% 以上，让胶自然晾干，晾干程度以手感有黏性但不黏手为好，否则上面会起泡或脱落，4 h 内不得有外力影响，以免发生改变，如图 7-88 所示。

⑥安装锁具：门锁中心距地面距离一般为 900～1 000 mm，如图 7-89 所示。

⑦安装门套线：在发泡胶结材料注入 4 h 以后，对门套线（也叫贴脸）进行安装，如图 7-90、图 7-91 所示。

⑧验收：首先进行自检，自检合格后由客户方进行全面验收。

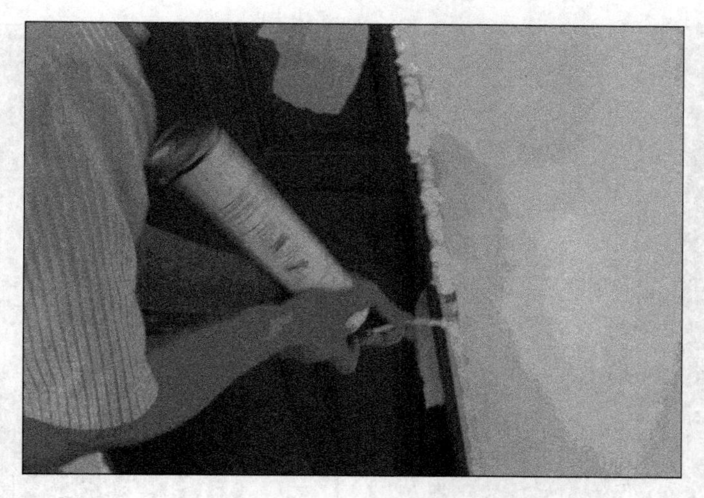

图 7－88 用发泡胶最后进行固定

图 7－89 安装锁具

图 7-90　安装门套线确保严丝合缝

图 7-91　实木门安装最后的效果

5) 橱柜安装工程

此案例中橱柜由客户购买成品，在木工将要结束时通知厂家进行安装，内容主要包括吊柜、地柜、水槽等的安装。

(1) 安装前的准备工作

①验收：验收时要注意货号、数量、规格、产品合格证，产品外表面应保持原有状态，不得有碰伤、划伤、开裂和压痕等损伤现象。

②厨房是居住建筑中管道较复杂的地方之一，安装橱柜时一定要注意把各个管道固定好，并做好清洁工作，如图 7-92 所示。

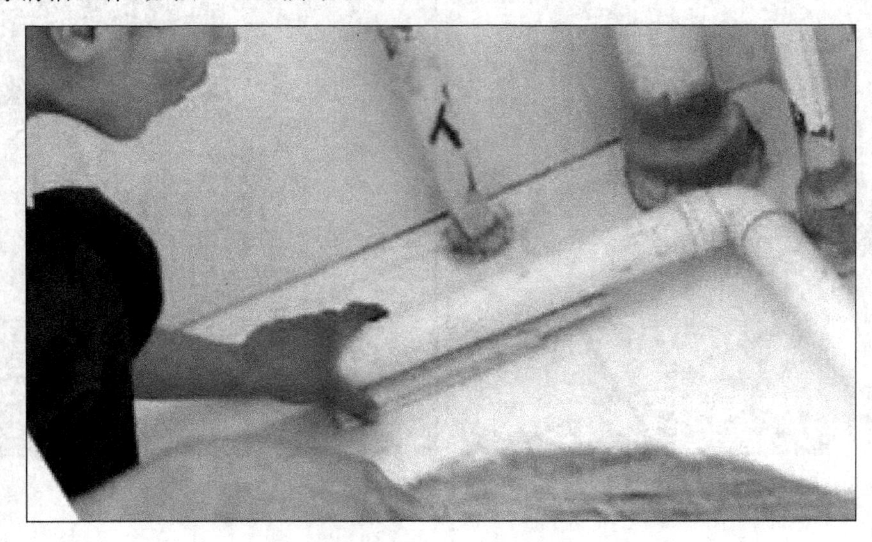

图 7-92　安装前进行清理

③精确测量:对橱柜和房间进一步核实,是否有误差,误差有多少,做到心中有数。如果把冰箱放在厨房,一定要注意冰箱的预留尺寸,现在大多数冰箱是两侧散热,所以冰箱的预留空间最少不可低于 650 mm,以便于冰箱的散热。

(2) 安装要点

①安装调整脚:对每个脚的高度进行精确测量,保证柜体平稳,如图 7－93 所示。

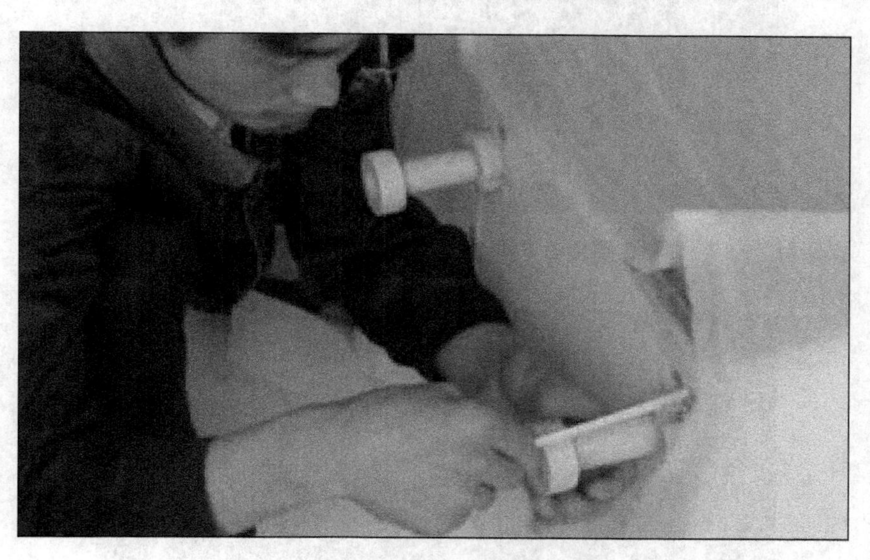

图 7－93　安装调整脚

②安装柜体:安装柜体时更要仔细测量,尽量减少误差,钻孔、安装,力求严丝合缝。另外在安装柜体时会遇到安装下水管等问题,在制作时早已预留了下水管的位置,没有预留的在柜板上钻孔连接下水管,注意排水管各接头连接、水槽及排水接口的连接应严密,不得有渗漏,软管连接部位应用卡箍紧固,如图 7－94、图 7－95 所示;如果在水槽的下方底板上用铝箔纸贴在柜板上可使防潮性能更好,防止受潮(如图 7－96 所示)。

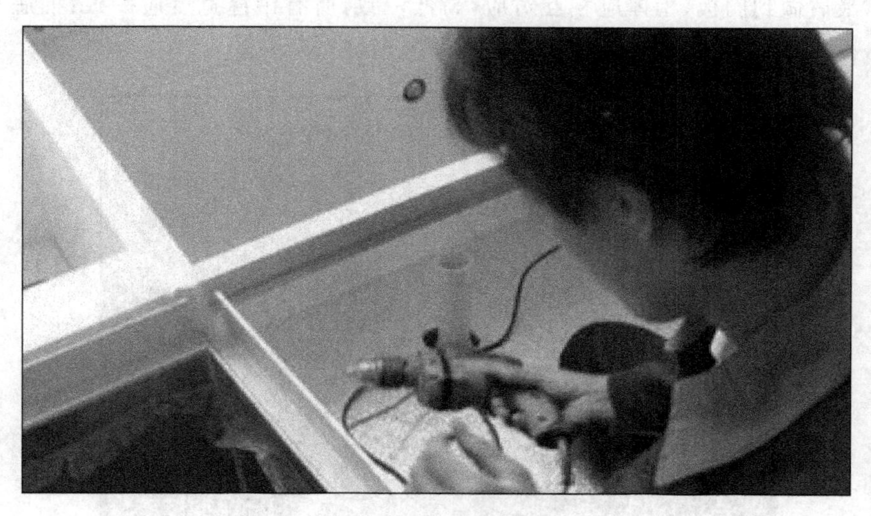

图 7－94　安装角柜

图 7-95　遇到未预留的位置，要进行划割、钻孔，之后对边缘进行收边

图 7-96　用铝箔纸贴在水盆下的柜板上

③安装门板、抽屉、拉篮：对门板应进行全面调节，使门板上下、前后、左右齐整，缝隙度均匀一致，最后做到门板、柜体应相互对应，高低一致，所有中缝宽度应一致；抽屉与拉篮要推拉自如，无阻碍，并设有线内保护装置（如图 7-97 所示）。

图 7-97　安装拉篮

④安装龙骨:龙骨可以起到支撑台面的作用,如图 7-98 所示。

图 7-98 安装龙骨

⑤安装吊柜:首先还是要精确测量并做好标记,保证吊柜和地柜同一水平线上。注意吊柜和地柜之间的高度一般为 700 mm,如果是加长吊柜,其距离 500 mm 以上也可,可视具体情况而定。在固定好的螺丝上安装挂片,应注意其承重性,如图 7-99 所示,安装吊柜时,观察是否处于水平线上。吊柜与墙面的结合部分安装应牢固,连接螺钉不小于 M8,每900 mm 长度不少于两个连接固定点,确保达到承重要求。

图 7-99 在固定好的螺丝上安装挂片

⑥安装台面:台面与柜体要结合牢固,不得松动,用环保胶把台面接缝处黏合好,保证人

造石台面无缝拼接，另外进行打磨抛光，所有橱柜的锐角应磨钝，金属件在人可触摸的位置，不允许有毛刺和锐角，如图 7－100、图 7－101 所示。

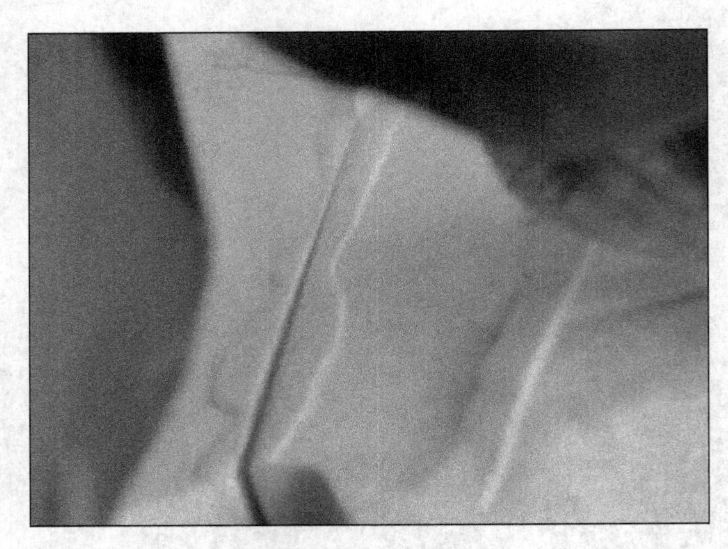

图 7－100　无缝拼接

图 7－101　对台面进行打磨抛光

⑦安装不锈钢水槽：准确测量之后用机器在台面相应的地方切割出水槽大小的位置，不锈钢水槽与台面连接处应打密封胶密封，如图 7－102 所示。

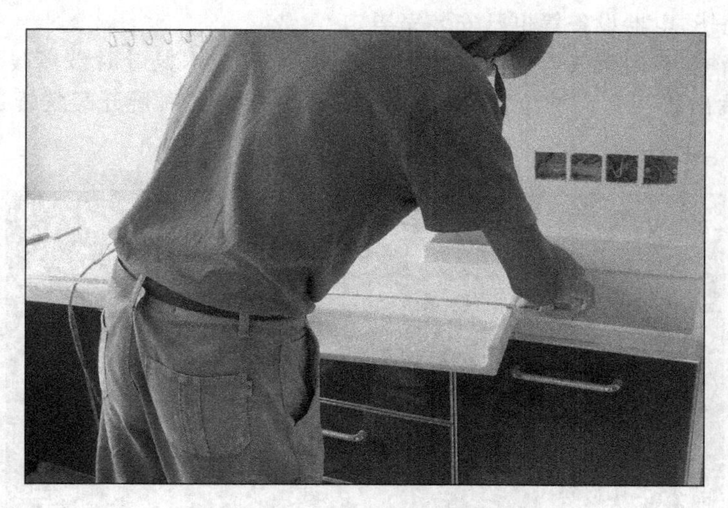

图 7-102　测量安装不锈钢水槽

⑧安装踢脚板：安装踢脚板前应注意把柜子下面打扫干净。最后完成效果，如图 7-103 所示。

图 7-103　橱柜最后安装完成效果

6）实木地板工程

本案例当中，卧室、书房均采用了安信重蚁木实木地板，安装工作由安信厂家来完成，实木地板安装工程在时间安排上一般在墙面乳胶漆和灯具安装之后。

(1) 施工前的准备

①铺实木地板之前顶棚和墙面的各种作业应已完工，门窗和玻璃全部安装完毕，水暖管

道已加压测试完毕，电器设备等也已安装完毕。

②本案例当中，室内暖气管道埋在地下，为了防止安装木龙骨时破坏暖气管道，应在铺实木地板之前找出暖气管道的位置，以便在安装木龙骨打孔时避开暖气管道，如图 7－104 所示。

图 7－104　找出地面以下的暖气管道的准确位置，用线描出

③材料进场：材料主要有实木地板、木龙骨、地板钉、泡沫地垫、防潮防腐防虫材料等，由客户验收，如图 7－105 所示。

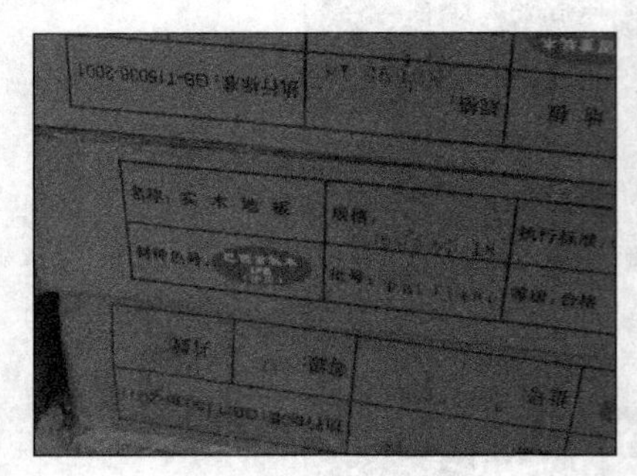

(a)木实地板

(b)木龙骨

图 7－105　实木地板工程相关材料

(2) 施工要点

①基层处理：将基层清理干净。

②弹线：首先在地面按设计规定的木龙骨间距弹出木龙骨位置线，在墙面上弹出地面标高线，如图 7－106 所示。

③安装木龙骨：将木龙骨按位置铺设在地面上，本案例中首先在地面上钻孔塞木楔子，如图 7－107 所示，然后将龙骨钉于木楔子上，如图 7－108 所示。注意随时调整其水平度，实木地板铺设质量关键在于龙骨的铺设质量，在安装龙骨的过程中，边紧固边调整找平，找平后的龙骨用斜钉和垫木钉牢。

图 7－106　弹线，在地面弹出木龙骨的位置线以及标高线

图 7－107　在地面上钻孔塞木楔子

图 7－108　将龙骨钉于木楔子上

④投放防潮防蛀材料：如图 7 - 109 所示。

⑤铺泡沫地垫：如图 7 - 110 所示。

图 7 - 109　投放防潮防蛀材料

图 7 - 110　铺泡沫地垫

⑥木地板试铺：木地板开箱之后，要进行试铺，因为每箱实木地板的颜色、纹理不可能一样，可能有时反差很大，试铺期间可以进行调整，把颜色、纹理不好的放在床下或柜子下方，颜色、纹理相近和效果好的放在显眼的位置，如图 7 - 111 所示。

图 7 - 111　试铺时对颜色和纹理进行调整

⑦铺设实木地板：以上程序完成以后，进行实木地板铺设，一般由中间向外边铺设先铺钉一块，合格后逐渐展开，板条之间要靠紧，接头要错开，在凸榫边用扁头钉斜向钉入板内，靠墙边留出 10～20 mm 空隙，如图 7－112 所示。实木地板铺设完后检查平整度。

⑧实木踢脚线的安装：在墙面和地面弹出踢脚线的高度线、厚度线，将踢脚线钉在墙内木楔上，踢脚线接头锯成 45 度斜口搭接。实木地板铺设后效果如图 7－113 所示。

图 7－112　铺设木地板，注意每两块地板的接缝正好都落在木龙骨上

图 7－113　实木地板铺设完成后效果

(3) 木工工程验收

木工工程验收单内容，如表 7－4 所示。

表 7－4　木工工程验收单

装饰装修工程名称		项目经理	
分项工程名称		专业工长	
木工工程项目			
施工单位			
施工标准名称代号			
施工图名称及编号			
木工工程分项目	质量要求	施工单位自查记录	监理(建设)单位验收记录
客户验收结论			
施工单位自查结论			
监理(建设)单位验收结论			

7.2.6　墙面漆工程

墙面乳胶漆工程是居住建筑装饰施工过程中的一道非常重要的工序，本案例中用的是多乐士静味全效乳胶漆，采用喷涂的方式。

墙面乳胶漆的施工过程如下所述：

1) 注意事项

(1) 安全检查

①施工前应检查架板是否搭设牢固，安全可靠后方可进行工作。

②禁止穿拖鞋、硬底鞋、高跟鞋在架板上工作，架板上不能多人集中在一起。

③使用人字梯时，两梯之间应设拉绳，并用橡皮或麻布包裹梯脚，防止滑倒。

④在储存和使用清漆及稀释剂之处，严禁烟火。

⑤施工及照明电器必须按电工安全规范安装接线，严禁随意拉线、接线。

⑥对现场全部人员进行安全教育。

(2) 产品的检查

①使用前应核对标签，并仔细搅拌均匀，使用后须将盖子盖严。涂料的储存和施工应符合产品说明书规定的气温条件，通常应在 5℃以上。如果涂料在储运中冻结，应置于较高温度的房间中任其自然解冻，不得用火烤。解冻后的涂料经确认未发生质变方可使用。

②涂料调色最好由生产厂家或经销商完成，以保证该批涂料色彩的一致性。如果在施工现场需要调色，必须使用厂家配套提供或指定牌号、产地的色浆，按使用要求和比例，由专人进行调配。

③有的聚氨酯含有较多的游离甲苯二异氰酸酯，在涂刷挥发过程中会导致乳胶漆泛黄。应避免聚氨酯和乳胶漆同时施工，最好是在聚氨酯类油漆完全干透后再刷乳胶漆。

(3) 成品保护

①涂料施工人员高处刮灰时，应使用马凳及跳板，严禁在木桌上踩踏。脚手架应安全可靠，使用方便。如果地面地板或地砖已施工完毕，涂料再施工时，马凳脚必须包扎保护后方能使用。

②面漆施工前，应用纸胶带将门边线、柜子边等其他与乳胶漆交界的地方保护起来，将墙上的浮灰清扫干净后方能进行。

③乳胶漆上面漆之前，其他工种不得施工，地面要清扫干净，以防污染，而且要关闭门窗，不能有大风吹进灰尘落在漆面上，落在其他装饰成品上的乳胶漆应及时清洁。

④乳胶漆施工完后，应注意成品保护，不得挂伤，特别是有光和丝光的乳胶漆更应注意，因为有光和丝光的乳胶漆补刷后容易出现“花”现象。如果乳胶漆采用喷涂，必须使用专用喷涂设备，喷涂两遍。喷涂第二遍应在第一遍完成两小时后。

2) 材料进场

墙面漆工程的所用材料主要包括乳胶漆、腻子、白乳胶、石膏粉、界面剂等，另需一些辅料和工具，有嵌缝带、纸胶带、毛刷、保护膜、刀片、鸡毛掸子等。

3) 施工要点

(1) 成品保护

主要是塑钢窗缝及暖气片，防止铲墙皮造成的垃圾掉进去后不易清理；另一方面就是地面保护，一般在墙面乳胶漆工程开始之前地面砖的施工已经完成，因此需要用防雨布或相关的材料铺在地面上，对地面砖进行保护，以防污染。如图 7－114 所示。

图 7－114　相关的门窗、暖气片等做好保护

(2) 基层处理

对基层原有涂层应视不同的情况区别对待，疏松、起壳、脆裂的旧涂层应铲除；粘附牢固的旧涂层用砂纸打毛；不耐水的涂层应全部铲除。

①墙面基层：一般在新房装修之前，墙面都做过墙面处理，但质量不等，有的墙面附着力

差，也有的质量很好。为了便于区别和合理用工用料，往往要做轻微润水实验。要检验原涂层附着力是否合格，可选一块墙面用水进行湿润，仔细观察是否有细小裂纹或起泡空鼓，如果有就要对墙面进行铲墙皮处理，如图 7－115 所示。

图 7－115　墙面基层处理

另外要注意，清除基层表面尘土和其他黏附物，较大的凹陷应用滑石粉加白水泥或石膏粉找平、抹平，并待其干燥，较小的孔洞、裂缝用腻子修补；对于墙面开槽位置或有大的裂缝之处经过修补之后，须再贴牛皮纸或专用绷带，以防止开裂，如图 7－116 所示。

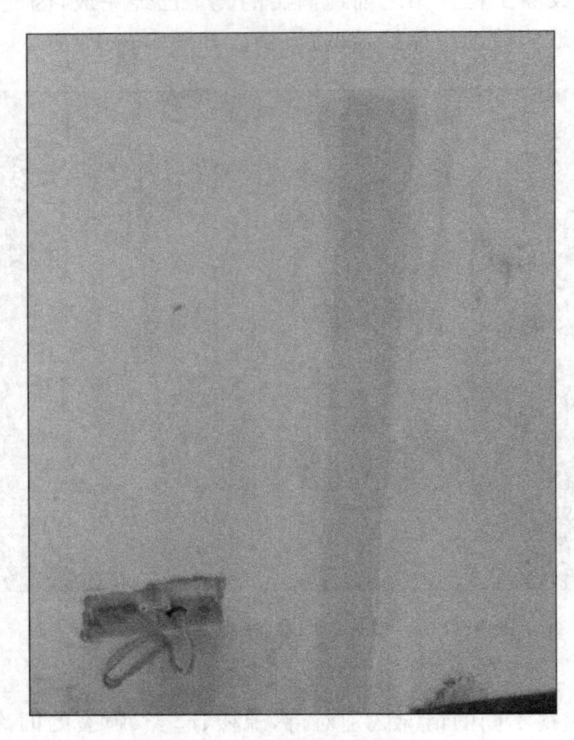

图 7－116　墙面开槽处的基层处理

②纸面石膏板基层：用石膏粉勾缝，再贴牛皮纸或专用绷带。上石膏板的专用螺丝，须

用防锈漆点补，如图 7－117 所示。

图 7－117 纸面石膏板基层处理

③木质基层：在木质基层上用油漆均匀地涂刷一遍醇酸清漆稀释液(清漆：稀释剂＝3～4：1)，干燥 1～2 天，用木胶粉或原子灰勾缝，再贴牛皮纸或专用绷带，不得起泡，如图 7－118 所示。

图 7－118 木质基层处理

(3) 刷底胶(木质及油漆面除外)

如果墙面较疏松，吸收性强，可在清理完毕的基层上用滚筒均匀地涂刷一至两遍胶水打底(丙烯酸乳液或水溶性建筑胶水加 3～5 倍水稀释即成)，不可漏涂，也不能涂刷过多造成流淌或堆积。

(4) 刮腻子

刮腻子遍数可由墙面平整程度决定，一般情况为两遍，局部需三到四遍。第一遍用胶皮刮板横向满刮，一刮板紧接着一刮板，接头不得留槎，每一刮板最后收头要干净利落。另应注意，成品腻子使用前应搅匀，腻子偏稠时可酌量加清水调节，每遍腻子不可过厚。

第一遍腻子可使用 1～1.5 m 靠尺赶刮，阴阳角必须通过弹墨线来找垂直度及平整度，后一遍腻子应在前一遍腻子完全干后方能施工。

第二遍腻子处理墙面，应达到大面光洁、平滑，平整度用 2 m 靠尺检查，大面应小于或等于 3 mm。

第三遍腻子为局部找补，用 200 W 灯泡或 800 W 碘钨灯侧面照光检查平整度，如图 7-119 所示。刮腻子时，尽量不要污染其他工种，保持施工过程及场地的清洁。

图 7-119　刮腻子

(5) 打磨

砂纸的选用，顶面可用 360 号砂纸，墙面最好用 500 或 500 号以上砂纸；腻子干透后应及时用砂纸打磨，打磨的方法为顺着一个方向进行，不得磨成波浪形，也不能留下磨痕，用 200 W 的灯泡斜射打磨，可以清楚地看见小坑、小洞，以便及时修补。

第二次打磨，强灯光斜射，找补，因为有时看上去平整的墙面，一旦刷过墙漆，小缺陷会显露无疑，所以必须刷过一遍以后，第二次找补、打磨，才能有较好的效果。打磨完毕后扫去浮灰。如图 7-120 所示。

(6) 喷涂乳胶漆

①本案例选用了高压无气喷涂，它的优点主要有：

a. 有极佳的表面质量，喷涂在墙面的涂料形成平顺、致密的涂层，无刷痕，这是刷、滚涂方式所无法比拟的。

b. 喷涂效率高，单人操作喷涂效率高达 300～500 m^2/h，是人工刷涂的 10～15 倍。

c. 可延缓涂层的寿命，高压无气喷涂采用高压喷射雾化，使漆粒获得有力动能深入墙面孔隙，使漆膜与墙面形成机械咬合，可增强涂层附着力，延长寿命。

d. 刷涂、滚涂厚度极不均匀，一般为 30～200 μm 之间，利用率低。而无气喷涂涂层厚度

图 7-120 打磨的过程

均匀，厚度在 30 μm 左右，利用率高。

e. 拐角和间隙也能很好地上漆，因涂料喷雾不含空气，涂料易达到这些部位。

②乳胶漆的喷涂过程主要有以下三个方面：

a. 准备工作：门窗、家具、开关插座等物品要全部覆盖，要先贴一条分色纸，然后在分色纸上再粘贴报纸或塑料布，分色纸一定要粘齐、粘严实；打磨完的墙面要扫掉浮灰，特别是一些沙粒、木屑和包装用的泡沫塑料颗粒，一定要清理干净。

b. 开始喷涂：喷涂顺序是先喷顶板后喷墙面，墙面是先上后下，一个房间一个房间从里到外进行喷涂，不要有漏喷的现象；晾干后进行第二次喷涂；一般情况下，喷涂 2～3 次就可完成整个喷涂过程，如图 7-121 所示。

图 7-121 喷涂的过程

c. 后期维护：喷涂后待乳胶漆凝固再适当开窗通风，要阴干 5 天左右，喷完乳胶漆后要及时把遮挡物揭除。遮挡物揭除时要注意用力不要太大。可以利用这个阶段安装洁具，但不要进行有粉尘的安装作业。

4) 油漆工程验收

油漆工程验收单，如表 7－5 所示。

表 7－5　油漆工程验收单

装饰装修工程名称			项目经理	
分项工程名称			专业工长	
油漆工工程项目				
施工单位				
施工标准名称代号				
施工图名称及编号				
油漆工工程分项目	质量要求	施工单位自查记录	监理（建设）单位验收记录	
客户验收结论				
施工单位自查结论				
监理（建设）单位验收结论				

7.2.7　水电五金安装

在居住建筑装饰施工过程中，水电五金安装主要包括：卫生洁具以及浴室五金的安装、电工灯具以及开关插座面板的安装、木工五金类物品的安装等。

1) 水电五金安装的原则

水电五金安装原则上要求按照人体工程学，以符合客户的生活习惯、方便客户使用为出发点，应该通过现场模拟，征得客户的同意后再安装。安装后必须牢固、美观，使用安全，开启灵活。

①厨卫五金件的安装：最好是与客户一同定位，一般情况下，毛巾架安装的高度以1 500 mm 为宜，尽量避免装在门的对面及门后，也应避免在座厕的上方，要选择墙面较为空的位置，以洗面台、座厕的左上方为宜。

②卷纸盒的安装：在坐便器左侧或右侧 200 mm 处，应与毛巾架错开，高度 500～600 mm。嵌入式面纸盒装在洗面台左侧 100 mm 高度处。

③吹风机安装在洗面台的两侧，台面上 400～500 mm 高度处；口杯架安装在洗面台的左上方 100～150 mm 处。

④洗面台上方水银镜安装时，左右以水龙头为中心，高度在水银镜下底边离台面 200 mm 左右。按要求定位后，在镜后贴上 1～2 mm 厚的泡沫双面胶再上镜钉，用玻璃胶涂在镜

子的四周与瓷砖的结合处，避免胶直接涂在水银镜的背面。如果镜子不用镜钉则需在水银镜背面先贴上专用胶带后，再用玻璃胶粘贴。

⑤洗面台上肥皂盒、肥皂架安装在离洗面台100～150 mm高的右上方。

⑥淋浴房的肥皂盒、肥皂架则安装在淋浴房内居中900～1 000 mm处，浴缸的肥皂盒及肥皂架则安装在距浴缸沿上口200～250 mm高度处。

⑦淋浴龙头安装在离地800 mm处，安装在淋浴区间内居中的位置，要求左热右冷出水，避免出水点安装在瓷砖腰线上。沐浴龙头两出水孔应在同一水平线上，且不锈钢盖板与墙吻合良好，无缝隙。

⑧座厕出水阀安装在座厕下水口居中右边200 mm，距地200～250 mm为宜。延时冲水阀以距地800 mm为宜，严禁装在瓷砖腰线上。

⑨马桶刷应安装在靠近坐便器的墙面或坐便器的两侧，离地150 mm为宜。

⑩挂衣钩安装在浴室门的背面，距地1 800 mm。浴帘杆按淋浴区间安装，距地1 800 mm；洗面台、柱盆的角阀安装在离地面400～500 mm为宜。

2）安装注意事项

①安装时依据水路、电路图确定水管、电线的位置，一定要避开水管、电线，防止打破水管，切断电线。

②在瓷砖表面安装时，要先用玻璃钻头把瓷砖打穿，或用钢钉、锤子轻轻敲开瓷砖，再用电锤打孔。严禁打破瓷砖，一旦打破就要更换瓷砖。预埋好膨胀螺栓，将五金件安装牢固。

③安装时工具不能直接接触五金件，应用干净软布包裹后再拧紧，五金件不能有划痕。

④各种龙头或混合器，必须安装好不锈钢盖碗。

⑤在安装淋浴房、浴缸前，要注意是否预留电源和预留其他电器备用电源（如电吹风、烘手机等）。

⑥安装坐便器时切忌在下面填满水泥，以防止坐便器炸裂；应用配套的密封胶，然后在外围打上玻璃胶。

⑦电热水器等相关设备应安装在承重墙上。

3）木工五金件的安装

木工五金件的安装，一般由木工进行安装，在本案例中涉及的木工五金件较少，在此五金件安装之前需考虑油漆的问题，应考虑好与油漆工人施工衔接的问题。

①五金件的安装时间不能安排过早，否则油漆工人在进行施工时需过多地考虑对五金件的保护问题。

②安装五金件时，还要注意不能破坏油漆工人已经完成的施工。

因此，正常的五金件安装施工往往是这样安排的，即对于需要钻孔的五金件，基本上是在油漆工人施工之前，或主要工序进行之前完成，其他的在油漆工人完成之后开始安装。

4）电工灯具以及开关插座面板的安装

这一环节的施工应安排在墙面乳胶漆或贴墙纸的工作完成之后。一般情况下，体量大或价格贵一点的灯具，厂家都提供免费的安装，小体量或价格便宜的一般不提供免费的安装服务，由电工来完成。

5）卫生洁具以及浴室五金件的安装

卫生洁具的安装时间应在所有的施工项目都将结束，大部分的工人都已撤出的时候；在工程开始验收以及大多数施工人员还没有撤离现场之前，最好不要进行卫生洁具的安装，以避免给工地管理带来不必要的麻烦。所以卫生洁具及浴室五金的安装在时间的安排上应在最后的环节。

这一部分的安装一般由所选洁具的厂家负责安装，要提前预约送货和安装的时间，对于居住建筑装饰设计师而言了解即可，理论的安装内容在此省略，如图 7－122 所示。

图 7－122　卫生洁具的安装

附录

附录 1 住宅装饰装修工程施工规范

（GB50327－2001）

根据我部《关于印发“二OOO至二OO一年度工程建设国家标准制订、修订计划”的通知》（建标〔2001〕87号）的要求，由我部会同有关部门共同编制的《住宅装饰装修工程施工规范》，经有关部门会审，批准为国家标准，编号为GB50327－2001，自2002年5月1日起施行。其中，3.1.3、3.1.7、3.2.2、4.1.1、4.3.4、4.3.6、4.3.7、10.1.6为强制性条文，必须严格执行。

本规范由建设部负责管理和对强制性条文的解释，中国建筑装饰协会负责具体技术内容的解释，建设部标准定额所组织中国建筑工业出版社出版发行。

中华人民共和国建设部
2001年12月9日

住宅装饰装修工程施工规范

1 总则

1.0.1 住宅装饰装修工程施工规范，是为了保证工程质量，保障人身健康和财产安全，保护环境，维护公共利益，制定本规范。

1.0.2 本规范适用于住宅建筑内部的装饰装修工程施工。

1.0.3 住宅装饰装修工程施工除应执行本规范外，尚应符合国家现行有关标准、规范的规定。

2 术语

2.0.1 住宅装饰装修(interior decoration of housings)

为了保护住宅建筑的主体结构，完善住宅的使用功能，采用装饰装修材料或饰物，对住宅内部表面和使用空间环境所进行的处理和美化过程。

2.0.2 室内环境污染(indoor environmental pollution)

指室内空气中混入有害人体健康的氡、甲醛、苯、氨、总挥发性有机物等气体的现象。

2.0.3 基体(primary structure)

建筑物的主体结构和围护结构。

2.0.4 基层(basic course)

直接承受装饰装修施工的表面层。

3 基本规定

3.1 施工基本要求

3.1.1 施工前应进行设计交底工作，并应对施工现场进行核查，了解物业管理的有关规定。

3.1.2 各工序、各分项工程应自检、互检及交接检。

3.1.3 施工中，严禁损坏房屋原有绝热设施；严禁损坏受力钢筋；严禁超荷载集中堆放物品；严禁在预制混凝土空心楼板上打孔安装埋件。

3.1.4 施工中，严禁擅自改动建筑主体、承重结构或改变房间主要使用功能；严禁擅自拆改燃气、暖气、通讯等配套设施。

3.1.5 管道、设备工程的安装及调试应在装饰装修工程施工前完成，必须同步进行的应在饰面层施工前完成。装饰装修工程不得影响管道、设备的使用和维修。涉及燃气管道的装饰装修工程必须符合有关安全管理的规定。

3.1.6 施工人员应遵守有关施工安全、劳动保护、防火、防毒的法律、法规。

3.1.7 施工现场用电应符合下列规定：

(1) 施工现场用电应从户表以后设立临时施工用电系统。

(2) 安装、维修或拆除临时施工用电系统，应由电工完成。

(3) 临时施工供电开关箱中应装设漏电保护器。进入开关箱的电源线不得用插销连接。

(4) 临时用电线路应避开易燃、易爆物品堆放地。

(5) 暂停施工时应切断电源。

3.1.8 施工现场用水应符合下列规定：

(1) 不得在未做防水的地面蓄水。

(2) 临时用水管不得有破损、滴漏。

(3) 暂停施工时应切断水源。

3.1.9 文明施工和现场环境应符合下列要求：

(1) 施工人员应衣着整齐。

(2) 施工人员应服从物业管理或治安保卫人员的监督、管理。

(3) 应控制粉尘、污染物、噪声、震动等对相邻居民、居民区和城市环境的污染及危害。

(4) 施工堆料不得占用楼道内的公共空间，封堵紧急出口。

(5) 室外堆料应遵守物业管理规定，避开公共通道、绿化地、化粪池等市政公用设施。

(6) 工程垃圾宜密封包装，并放在指定垃圾堆放地。

(7) 不得堵塞、破坏上下水管道、垃圾道等公共设施，不得损坏楼内各种公共标识。

(8) 工程验收前应将施工现场清理干净。

3.2 材料、设备基本要求

3.2.1 住宅装饰装修工程所用材料的品种、规格、性能应符合设计的要求及国家现行有关标准的规定。

3.2.2 严禁使用国家明令淘汰的材料。

3.2.3 住宅装饰装修所用的材料应按设计要求进行防火、防腐和防蛀处理。

3.2.4 施工单位应对进场主要材料的品种、规格、性能进行验收。主要材料应有产品合格证书，有特殊要求的应有相应的性能检测报告和中文说明书。

3.2.5 现场配制的材料应按设计要求或产品说明书制作。

3.2.6 应配备满足施工要求的配套机具设备及检测仪器。

3.2.7 住宅装饰装修工程应积极使用新材料、新技术、新工艺、新设备。

3.3 成品保护

3.3.1 施工过程中材料运输应符合下列规定：

(1) 材料运输使用电梯时，应对电梯采取保护措施。

(2) 材料搬运时要避免损坏楼道内顶、墙、扶手、楼道窗户及楼道门。

3.3.2 施工过程中应采取下列成品保护措施：

(1) 各工种在施工中不得污染、损坏其他工种的半成品、成品。

(2) 材料表面保护膜应在工程竣工时撤除。

(3) 对邮箱、消防、供电、电视、报警、网络等公共设施应采取保护措施。

4 防火安全

4.1 一般规定

4.1.1 施工单位必须制定施工防火安全制度，施工人员必须严格遵守。

4.1.2 住宅装饰装修材料的燃烧性能等级要求，应符合现行国家标准《建筑内部装修设计防火规范》(GB 50222)的规定。

4.2　材料的防火处理

4.2.1　对装饰织物进行阻燃处理时，应使其被阻燃剂浸透，阻燃剂的干含量应符合产品说明书的要求。

4.2.2　对木质装饰装修材料进行防火涂料涂布前应对其表面进行清洁。涂布至少分两次进行，且第二次涂布应在第一次涂布的涂层表干后进行，涂布量应不小于 500 g/m^2。

4.3　施工现场防火

4.3.1　易燃物品应相对集中放置在安全区域并应有明显标识。施工现场不得大量积存可燃材料。

4.3.2　易燃易爆材料的施工，应避免敲打、碰撞、摩擦等可能出现火花的操作。配套使用的照明灯、电动机、电气开关应有安全防爆装置。

4.3.3　使用油漆等挥发性材料时，应随时封闭其容器，擦拭后的棉纱等物品应集中存放且远离热源。

4.3.4　施工现场动用电气焊等明火时，必须清除周围及焊渣滴落区的可燃物质，并设专人监督。

4.3.5　施工现场必须配备灭火器、砂箱或其他灭火工具。

4.3.6　严禁在施工现场吸烟。

4.3.7　严禁在运行中的管道、装有易燃易爆的容器和受力构件上进行焊接和切割。

4.4　电气防火

4.4.1　照明、电热器等设备的高温部位靠近非 A 级材料，或导线穿越 B2 级以下装修材料时，应采用岩棉、瓷管或玻璃棉等 A 级材料隔热。当照明灯具或镇流器嵌入可燃装饰装修材料中时，应采取隔热措施予以分隔。

4.4.2　配电箱的壳体和底板宜采用 A 级材料制作。配电箱不得安装在 B2 级以下(含 B2 级)的装修材料上。开关、插座应安装在 B1 级以上的材料上。

4.4.3　卤钨灯灯管附近的导线应采用耐热绝缘材料制成的护套，不得直接使用具有延燃性绝缘的导线。

4.4.4　明敷塑料导线应穿管或加线槽板保护，吊顶内的导线应穿金属管或 B1 级 PVC 管保护，导线不得裸露。

4.5　消防设施的保护

4.5.1　住宅装饰装修不得遮挡消防设施、疏散指示标识及安全出口，并且不应妨碍消防设施和疏散通道的正常使用，不得擅自改动防火门。

4.5.2　消火栓门四周的装饰装修材料颜色应与消火栓门的颜色有明显区别。

4.5.3　住宅内部火灾报警系统的穿线管、自动喷淋灭火系统的水管线应用独立的吊管架固定。不得借用装饰装修用的吊杆和放置在吊顶上固定。

4.5.4　当装饰装修重新分割了住宅房间的平面布局时，应根据有关设计规范针对新的平面调整火灾自动报警探测器与自动灭火喷头的布置。

4.5.5　喷淋管线、报警器线路、接线箱及相关器件宜暗装处理。

5 室内环境污染控制

5.0.1 本规范中控制的室内环境污染物为：氡（^{222}Rn）、甲醛、氨、苯和总挥发性有机物（TVOC）。

5.0.2 住宅装饰装修室内环境污染控制除应符合本规范外，尚应符合《民用建筑工程室内环境污染控制规范》（GB50325－2001）等国家现行标准的规定。设计、施工应选用低毒性、低污染的装饰装修材料。

5.0.3 对室内环境污染控制有要求的，可按有关规定对5.0.1条的内容全部或部分进行检测，其污染物浓度限值应符合表5.0.3的要求。

表5.0.3 住宅装饰装修后室内环境污染物浓度限值

室内环境污染物	浓度限值
氡（Bq/m^3）	≤200
甲醛（mg/m^3）	≤0.08
苯（mg/m^3）	≤0.09
氨（mg/m^3）	≤0.20
总挥发性有机物 TVOC（Bq/m^3）	≤0.50

6 防水工程

6.1 一般规定

6.1.1 本章适用于卫生间、厨房、阳台的防水工程施工。

6.1.2 防水施工宜采用涂膜防水。

6.1.3 防水施工人员应具备相应的岗位证书。

6.1.4 防水工程应在地面、墙面隐蔽工程完毕并经检查验收后进行。其施工方法应符合国家现行标准、规范的有关规定。

6.1.5 施工时应设置安全照明，并保持通风。

6.1.6 施工环境温度应符合防水材料的技术要求，并宜在5℃以上。

6.1.7 防水工程应做两次蓄水试验。

6.2 主要材料质量要求

6.2.1 防水涂料的性能应符合国家现行有关标准的规定，并应有产品合格证书。

6.3 施工要点

6.3.1 基层表面应平整，不得有松动、空鼓、起沙、开裂等缺陷，含水率应符合防水材料的施工要求。

6.3.2 地漏、套管、卫生洁具根部、阴阳角等部位，应先做防水附加层。

6.3.3 防水层应从地面延伸到墙面，高出地面100 mm；浴室墙面的防水层不得低于1 800 mm。

6.3.4　防水砂浆施工应符合下列规定：

(1) 防水砂浆的配合比应符合设计或产品的要求，防水层应与基层结合牢固，表面应平整，不得有空鼓、裂缝和麻面起砂，阴阳角应做成圆弧形。

(2) 保护层水泥砂浆的厚度、强度应符合设计要求。

6.3.5　涂膜防水施工应符合下列规定：

(1) 涂膜涂刷应均匀一致，不得漏刷。总厚度应符合产品技术性能要求。

(2) 玻纤布的接槎应顺流水方向搭接，搭接宽度应不小于 100 mm。两层以上玻纤布的防水施工，上、下搭接应错开幅宽的 1/2。

7　抹灰工程

7.1　一般规定

7.1.1　本章适用于住宅内部抹灰工程施工。

7.1.2　顶棚抹灰层与基层之间及各抹灰层之间必须黏结牢固，无脱层、空鼓。

7.1.3　不同材料基体交接处表面的抹灰应采取防止开裂的加强措施。

7.1.4　室内墙面、柱面和门洞口的阳角做法应符合设计要求。设计无要求时，应采用 1∶2 水泥砂浆做暗护角，其高度不应低于 2 m，每侧宽度不应小于 50 mm。

7.1.5　水泥砂浆抹灰层应在抹灰 24 h 后进行养护。抹灰层在凝结前，应防止快干、水冲、撞击和震动。

7.1.6　冬期施工，抹灰时的作业面温度不宜低于 5 ℃；抹灰层初凝前不得受冻。

7.2　主要材料质量要求

7.2.1　抹灰用的水泥宜为硅酸盐水泥、普通硅酸盐水泥，其强度等级不应小于 32.5。

7.2.2　不同品种不同标号的水泥不得混合使用。

7.2.3　水泥应有产品合格证书。

7.2.4　抹灰用砂子宜选用中砂，砂子使用前应过筛，不得含有杂物。

7.2.5　抹灰用石灰膏的熟化期不应少于 15 d。罩面用磨细石灰粉的熟化期不应少于3 d。

7.3　施工要点

7.3.1　基层处理应符合下列规定：

(1) 砖砌体，应清除表面杂物、尘土，抹灰前应洒水湿润。

(2) 混凝土，表面应凿毛或在表面洒水润湿后涂刷 1∶1 水泥砂浆(加适量胶粘剂)。

(3) 加气混凝土，应在湿润后边刷界面剂，边抹强度不大于 M5 的水泥混合砂浆。

7.3.2　抹灰层的平均总厚度应符合设计要求。

7.3.3　大面积抹灰前应设置标筋。抹灰应分层进行，每遍厚度宜为 5～7 mm。抹石灰砂浆和水泥混合砂浆每遍厚度宜为 7～9 mm。当抹灰总厚度超出 35 mm 时，应采取加强措施。

7.3.4 用水泥砂浆和水泥混合砂浆抹灰时，应待前一抹灰层凝结后方可抹后一层；用石灰砂浆抹灰时，应待前一抹灰层七八成干后方可抹后一层。

7.3.5 底层的抹灰层强度不得低于面层的抹灰层强度。

7.3.6 水泥砂浆拌好后，应在初凝前用完，凡结硬砂浆不得继续使用。

8 吊顶工程

8.1 一般规定

8.1.1 本章适用于明龙骨和暗龙骨吊顶工程的施工。

8.1.2 吊杆、龙骨的安装间距、连接方式应符合设计要求。后置埋件、金属吊杆、龙骨应进行防腐处理。木吊杆、木龙骨、造型木板和木饰面板应进行防腐、防火、防蛀处理。

8.1.3 吊顶材料在运输、搬运、安装、存放时应采取相应措施，防止受潮、变形及损坏板材的表面和边角。

8.1.4 重型灯具、电扇及其他重型设备严禁安装在吊顶龙骨上。

8.1.5 吊顶内填充的吸音、保温材料的品种和铺设厚度应符合设计要求，并应有防散落措施。

8.1.6 饰面板上的灯具、烟感器、喷淋头、风口篦子等设备的位置应合理、美观，与饰面板交接处应严密。

8.1.7 吊顶与墙面、窗帘盒的交接应符合设计要求。

8.1.8 搁置式轻质饰面板，应按设计要求设置压卡装置。

8.1.9 胶粘剂的类型应按所用饰面板的品种配套选用。

8.2 主要材料质量要求

8.2.1 吊顶工程所用材料的品种、规格和颜色应符合设计要求。饰面板、金属龙骨应有产品合格证书。木吊杆、木龙骨的含水率应符合国家现行标准的有关规定。

8.2.2 饰面板表面应平整，边缘应整齐、颜色应一致。穿孔板的孔距应排列整齐；胶合板、木质纤维板、大芯板不应脱胶、变色。

8.2.3 防火涂料应有产品合格证书及使用说明书。

8.3 施工要点

8.3.1 龙骨的安装应符合下列要求：

(1) 应根据吊顶的设计标高在四周墙上弹线。弹线应清晰、位置应准确。

(2) 主龙骨吊点间距、起拱高度应符合设计要求。当设计无要求时，吊点间距应小于1.2 m，应按房间短向跨度的1%～3%起拱。主龙骨安装后应及时校正其位置标高。

(3) 吊杆应通直，距主龙骨端部距离不得超过300 mm。当吊杆与设备相遇时，应调整吊点构造或增设吊杆。

(4) 次龙骨应紧贴主龙骨安装。固定板材的次龙骨间距不得大于600 mm，在潮湿地区和场所，间距宜为300～400 mm。用沉头自攻钉安装饰面板时，接缝处次龙骨宽度不得小于40 mm。

(5) 暗龙骨系列横撑龙骨应用连接件将其两端连接在通长次龙骨上。明龙骨系列的横撑龙骨与通长龙骨搭接处的间隙不得大于 1 mm。

(6) 边龙骨应按设计要求弹线,固定在四周墙上。

(7) 全面校正主、次龙的位置及平整度,连接件应错位安装。

8.3.2 安装饰面板前应完成吊顶内管道和设备的调试和验收。

8.3.3 饰面板安装前应按规格、颜色等进行分类选配。

8.3.4 暗龙骨饰面板(包括纸面石膏板、纤维水泥加压板、胶合板、金属方块板、金属条形板、塑料条形板、石膏板、钙塑板、矿棉板和格栅等)的安装应符合下列规定:

(1) 以轻钢龙骨、铝合金龙骨为骨架,采用钉固法安装时应使用沉头自攻钉固定。

(2) 以木龙骨为骨架,采用钉固法安装时应使用木螺钉固定,胶合板可用铁钉固定。

(3) 金属饰面板采用吊挂连接件、插接件固定时应按产品说明书的规定放置。

(4) 采用复合粘贴法安装时,胶粘剂未完全固化前板材不得有强烈振动。

8.3.5 纸面石膏板和纤维水泥加压板安装应符合下列规定:

(1) 板材应在自由状态下进行安装,固定时应从板的中间向板的四周固定。

(2) 纸面石膏板螺钉与板边距离:纸包边宜为 10～15 mm,切割边宜为 15～20 mm;水泥加压板螺钉与板边距离宜为 8～15 mm。

(3) 板周边钉距宜为 150～170 mm,板中钉距不得大于 200 mm。

(4) 安装双层石膏板时,上下层板的接缝应错开,不得在同一根龙骨上接缝。

(5) 螺钉头宜略埋入板面,并不得使纸面破损。钉眼应做防锈处理并用腻子抹平。

(6) 石膏板的接缝应按设计要求进行板缝处理。

8.3.6 石膏板、钙塑板的安装应符合下列规定:

(1) 当采用钉固法安装时,螺钉与板边距离不得小于 15 mm,螺钉间距宜为 150～170 mm,均匀布置,并应与板面垂直,钉帽应进行防锈处理,并应用与板面颜色相同涂料涂饰或用石膏腻子抹平。

(2) 当采用黏接法安装时,胶粘剂应涂抹均匀,不得漏涂。

8.3.7 矿棉装饰吸声板安装应符合下列规定:

(1) 房间内湿度过大时不宜安装。

(2) 安装前应预先排板,保证花样、图案的整体性。

(3) 安装时,吸声板上不得放置其他材料,防止板材受压变形。

8.3.8 明龙骨饰面板的安装应符合以下规定:

(1) 饰面板安装应确保企口的相互咬接及图案花纹的吻合。

(2) 饰面板与龙骨嵌装时应防止相互挤压过紧或脱挂。

(3) 采用搁置法安装时应留有板材安装缝,每边缝隙不宜大于 1 mm。

(4) 玻璃吊顶龙骨上留置的玻璃搭接宽度应符合设计要求,并应采用软连接。

(5) 装饰吸声板的安装如采用搁置法安装,应有定位措施。

9 轻质隔墙工程

9.1 一般规定

9.1.1 本章适用于板材隔墙、骨架隔墙和玻璃隔墙等非承重轻质隔墙工程的施工。

9.1.2 轻质隔墙的构造、固定方法应符合设计要求。

9.1.3 轻质隔墙材料在运输和安装时,应轻拿轻放,不得损坏表面和边角。应防止受潮变形。

9.1.4 当轻质隔墙下端用木踢脚覆盖时,饰面板应与地面留有20~30 mm缝隙;当用大理石、瓷砖、水磨石等做踢脚板时,饰面板下端应与踢脚板上口齐平,接缝应严密。

9.1.5 板材隔墙、饰面板安装前应按品种、规格、颜色等进行分类选配。

9.1.6 轻质隔墙与顶棚和其他墙体的交接处应采取防开裂措施。

9.1.7 接触砖、石、混凝土的龙骨和埋置的木楔应作防腐处理。

9.1.8 胶粘剂应按饰面板的品种选用。现场配置胶粘剂,其配合比应由试验决定。

9.2 主要材料质量要求

9.2.1 板材隔墙的墙板、骨架隔墙的饰面板和龙骨、玻璃隔墙的玻璃应有产品合格证书。

9.2.2 饰面板表面应平整,边沿应整齐,不应有污垢、裂纹、缺角、翘曲、起皮、色差和图案不完整等缺陷。胶合板不应有脱胶、变色和腐朽。

9.2.3 复合轻质墙板的板面与基层(骨架)黏接必须牢固。

9.3 施工要点

9.3.1 墙位放线应按设计要求,沿地、墙、顶弹出隔墙的中心线和宽度线,宽度线应与隔墙厚度一致,弹线应清晰,位置应准确。

9.3.2 轻钢龙骨的安装应符合下列规定:

(1) 应按弹线位置固定沿地、沿顶龙骨及边框龙骨,龙骨的边线应与弹线重合。龙骨的端部应安装牢固,龙骨与基体的固定点间距应不大于1 m。

(2) 安装竖向龙骨应垂直,龙骨间距应符合设计要求。潮湿房间和钢板网抹灰墙,龙骨间距不宜大于400 mm。

(3) 安装支撑龙骨时,应先将支撑卡安装在竖向龙骨的开口方向,卡距宜为400~600 mm,距龙骨两端的距离宜为20~25 mm。

(4) 安装贯通系列龙骨时,低于3 m的隔墙安装一道,3~5 m隔墙安装两道。

(5) 饰面板横向接缝处不在沿地、沿顶龙骨上时,应加横撑龙骨固定。

(6) 门窗或特殊接点处安装附加龙骨应符合设计要求。

9.3.3 木龙骨的安装应符合下列规定:

(1) 木龙骨的横截面积及纵、横向间距应符合设计要求。

(2) 骨架横、竖龙骨宜采用开半榫、加胶、加钉连接。

(3) 安装饰面板前应对龙骨进行防火处理。

9.3.4 骨架隔墙在安装饰面板前应检查骨架的牢固程度、墙内设备管线及填充材料的安装是否符合设计要求,如有不符合处应采取措施。

9.3.5 纸面石膏板的安装应符合以下规定:

(1) 石膏板宜竖向铺设,长边接缝应安装在竖龙骨上。

(2) 龙骨两侧的石膏板及龙骨一侧的双层板的接缝应错开,不得在同一根龙骨上接缝。

(3) 轻钢龙骨应用自攻螺钉固定,木龙骨应用木螺钉固定。沿石膏板周边钉间距不得大于 200 mm，板中钉间距不得大于 300 mm，螺钉与板边距离应为 10～15 mm。

(4) 安装石膏板时应从板的中部向板的四边固定。钉头略埋入板内，但不得损坏纸面，钉眼应进行防锈处理。

(5) 石膏板的接缝应按设计要求进行板缝处理。石膏板与周围墙或柱应留有 3 mm 的槽口，以便进行防开裂处理。

9.3.6　胶合板的安装应符合下列规定：

(1) 胶合板安装前应对板背面进行防火处理。

(2) 轻钢龙骨应采用自攻螺钉固定。木龙骨采用圆钉固定时，钉距宜为 80～150 mm，钉帽应砸扁；采用钉枪固定时，钉距宜为 80～100 mm。

(3) 阳角处宜作护角。

(4) 胶合板用木压条固定时，固定点间距不应大于 200 mm。

9.3.7　板材隔墙的安装应符合下列规定：

(1) 墙位放线应清晰，位置应准确。隔墙上下基层应平整、牢固。

(2) 板材隔墙安装拼接应符合设计和产品构造要求。

(3) 安装板材隔墙时宜使用简易支架。

(4) 安装板材隔墙所用的金属件应进行防腐处理。

(5) 板材隔墙拼接用的芯材应符合防火要求。

(6) 在板材隔墙上开槽、打孔应用云石机切割或电钻钻孔，不得直接剔凿和用力敲击。

9.3.8　玻璃砖墙的安装应符合下列规定：

(1) 玻璃砖墙宜以 1.5 m 高为一个施工段，待下部施工段胶结材料达到设计强度后再进行上部施工。

(2) 当玻璃砖墙面积过大时应增加支撑。玻璃砖墙的骨架应与结构连接牢固。

(3) 玻璃砖应排列均匀整齐，表面平整，嵌缝的油灰或密封膏应饱满密实。

9.3.9　平板玻璃隔墙的安装应符合下列规定：

(1) 墙位放线应清晰，位置应准确。隔墙基层应平整、牢固。

(2) 骨架边框的安装应符合设计和产品组合的要求。

(3) 压条应与边框紧贴，不得弯棱、凸鼓。

(4) 安装玻璃前应对骨架、边框的牢固程度进行检查，如有不牢应进行加固。

(5) 玻璃安装应符合本规范门窗工程的有关规定。

10　门窗工程

10.1　一般规定

10.1.1　本章适用于木门窗、铝合金门窗、塑料门窗安装工程的施工。

10.1.2　门窗安装前应按下列要求进行检查：

(1) 门窗的品种、规格、开启方向、平整度等应符合国家现行有关标准规定，附件应齐全。

(2) 门窗洞口应符合设计要求。

10.1.3　门窗的存放、运输应符合下列规定：

(1) 木门窗应采取措施防止受潮、碰伤、污染与暴晒。

(2) 塑料门窗贮存的环境温度应小于 50℃；与热源的距离不应小于 1 m，当在环境温度为 0℃的环境中存放时，安装前应在室温下放置 24h。

(3) 铝合金、塑料门窗运输时应竖立排放并固定牢靠。樘与栓间应用软质材料隔开，防止相互磨损及压坏玻璃和五金件。

10.1.4 门窗的固定方法应符合设计要求。门窗框、扇在安装过程中，应防止变形和损坏。

10.1.5 门窗安装应采用预留洞口的施工方法，不得采用边安装边砌口或先安装后砌口的施工方法。

10.1.6 推拉门窗扇必须有防脱落措施，扇与框的搭接且应符合设计要求。

10.1.7 建筑外门窗的安装必须牢固，在砖砌体上安装门窗严禁用射钉固定。

10.2 主要材料质量要求

10.2.1 门窗、玻璃、密封胶等应按设计要求选用，并应有产品合格证书。

10.2.2 门窗的外观、外形尺寸、装配质量、力学性能应符合国家现行标准的有关规定，塑料门窗中的竖框、中横框或拼栓料等主要受力杆件中的增强型钢，应在产品说明中注明规格、尺寸。门窗表面不应有影响外观质量的缺陷。

10.2.3 木门窗采用的木材，其含水率应符合国家现行标准的有关规定。

10.2.4 在木门窗的结合处和安装五金配件处，均不得有木节或已填补的木节。

10.2.5 金属门窗选用的零附件及固定件，除不锈钢外均应经防腐蚀处理。

10.2.6 塑料门窗组合窗及连窗门的拼樘应采用与其内腔紧密吻合的增强型钢作为内衬，型钢两端比拼樘料长出 10～15 mm。外窗的拼樘料截面积尺寸及型钢形状、壁厚，应能使组合窗承受本地区的瞬间风压值。

10.3 施工要点

10.3.1 木门窗的安装应符合下列规定：

(1) 门窗框与砖石砌体、混凝土或抹灰层接触部位以及固定用木砖等均应进行防腐处理。

(2) 门窗框安装前应校正方正，加钉必要拉条避免变形。安装门窗框时，每边固定点不得少于两处，其间距不得大于 1.2 m。

(3) 门窗框需镶贴脸时，门窗框应凸出墙面，凸出的厚度应等于抹灰层或装饰面层的厚度。

(4) 木门窗五金配件的安装应符合下列规定：

①合页距门窗扇上下端宜取立梃高度的 1/10，并应避开上、下冒头。

②五金配件安装应用木螺钉固定。硬木应钻 2/3 深度的孔，孔径应略小于木螺钉直径。

③门锁不宜安装在冒头与立梃的结合处。

④窗拉手距地面宜为 1.5～1.6 m，门拉手距地面宜为 0.9～1.05 m。

10.3.2 铝合金门窗的安装应符合下列规定：

(1) 门窗装入洞口应横平竖直，严禁将门窗框直接埋入墙体。

(2) 密封条安装时应留有比门窗的装配边长 20～30 mm 的余量，转角处应斜面断开，并用胶粘剂粘贴牢固，避免收缩产生缝隙。

(3) 门窗框与墙体间缝隙不得用水泥砂浆填塞，应采用弹性材料填嵌饱满，表面应用密封胶密封。

10.3.3　塑料门窗的安装应符合下列规定：

(1) 门窗安装五金配件时，应钻孔后用自攻螺钉拧入，不得直接锤击钉入。

(2) 门窗框、副框和扇的安装必须牢固。固定片或膨胀螺栓的数量与位置应正确，连接方式应符合设计要求，固定点应距窗角、中横框、中竖框 150～100 mm，固定点间距应小于或等于 600 mm。

(3) 安装组合窗时应将两窗框与拼樘料卡接，卡接后应用紧固件双向拧紧，其间距应小于或等于 600 mm，紧固件端头及拼樘料与窗框间的缝隙应用嵌缝膏进行密封处理。拼樘料型钢两端必须与洞口固定牢固。

(4) 门窗框与墙体间缝隙不得用水泥砂浆填塞，应采用弹性材料填嵌饱满，表面应用密封胶密封。

10.3.4　木门窗玻璃的安装应符合下列规定：

(1) 玻璃安装前应检查框内尺寸、将裁口内的污垢清除干净。

(2) 安装长边大于 1.5 m 或短边大于 1 m 的玻璃，应用橡胶垫并用压条和螺钉固定。

(3) 安装木框、扇玻璃，可用钉子固定，钉距不得大于 300 mm，且每边不少于两个；用木压条固定时，应先刷底油后安装，并不得将玻璃压得过紧。

(4) 安装玻璃隔墙时，玻璃在上框面应留有适量缝隙，防止木框变形，损坏玻璃。

(5) 使用密封膏时，接缝处的表面应清洁、干燥。

10.3.5　铝合金、塑料门窗玻璃的安装应符合下列规定：

(1) 安装玻璃前，应清出槽口内的杂物。

(2) 使用密封膏前，接缝处的表面应清洁、干燥。

(3) 玻璃不得与玻璃槽直接接触，并应在玻璃四边垫上不同厚度的垫块，边框上的垫块应用胶粘剂固定。

(4) 镀膜玻璃应安装在玻璃的最外层，单面镀膜玻璃应朝向室内。

11　细部工程

11.1　一般规定

11.1.1　本章适用木门窗套、窗帘盒、固定柜橱、护栏、扶手、花饰等细部工程的制作安装施工。

11.1.2　细部工程应在隐蔽工程已完成并经验收后进行。

11.1.3　框架结构的固定柜橱应用榫连接。板式结构的固定柜橱应用专用连接件连接。

11.1.4　细木饰面板安装后，应立即刷一遍底漆。

11.1.5　潮湿部位的固定橱柜，木门套应做防潮处理。

11.1.6　护栏、扶手应采用坚固、耐久材料，并能承受规范允许的水平荷载。

11.1.7　扶手高度不应小于 0.90 m，护栏高度不应小于 1.05 m，栏杆间距不应大于 0.11 m。

11.1.8 湿度较大的房间,不得使用未经防水处理的石膏花饰、纸质花饰等。

11.1.9 花饰安装完毕后,应采取成品保护措施。

11.2 主要材料质量要求

11.2.1 人造木板、胶粘剂的甲醛含量应符合国家现行标准的有关规定,应有产品合格证书。

11.2.2 木材含水率应符合国家现行标准的有关规定。

11.3 施工要点

11.3.1 木门窗套的制作安装应符合下列规定:

(1) 门窗洞口应方正垂直,预埋木砖应符合设计要求,并应进行防腐处理。

(2) 根据洞口尺寸、门窗中心线和位置线,用方木制成搁栅骨架并应做防腐处理,横撑位置必须与预埋件位置重合。

(3) 搁栅骨架应平整牢固,表面刨平。安装搁栅骨架应方正,除预留出板面厚度外,搁栅骨架与木砖间的间隙应垫以木垫,连接牢固。安装洞口搁栅骨架时,一般先上端后两侧,洞口上部骨架应与紧固件连接牢固。

(4) 与墙体对应的基层板板面应进行防腐处理,基层板安装应牢固。

(5) 饰面板颜色、花纹应谐调。板面应略大于搁栅骨架,大面应净光,小面应刮直。木纹根部应向下,长度方向需要对接时,花纹应通顺,其接头位置应避开视线平视范围,宜在室内地面 2 m 以上或 1.2 m 以下,接头应留在横撑上。

(6) 贴脸、线条的品种、颜色、花纹应与饰面板谐调。贴脸接头应成 45°角,贴脸与门窗套板面结合应紧密、平整,贴脸或线条盖住抹灰墙面应不小于 10 mm。

11.3.2 木窗帘盒的制作安装应符合下列规定:

(1) 窗帘盒宽度应符合设计要求。当设计无要求时,窗帘盒宜伸出窗口两侧 200～300 mm,窗帘盒中线应对准窗口中线,并使两端伸出窗口长度相同。窗帘盒下沿与窗口上沿应平齐或略低。

(2) 当采用木龙骨双包夹板工艺制作窗帘盒时,遮挡板外立面不得有明榫、露钉帽,底边应做封边处理。

(3) 窗帘盒底板可采用后置埋木楔或膨胀螺栓固定,遮挡板与顶棚交接处宜用角线收口。窗帘盒靠墙部分应与墙面紧贴。

(4) 窗帘轨道安装应平直,窗帘轨固定点必须在底板的龙骨上,连接必须用木螺钉,严禁用圆钉固定。采用电动窗帘轨时,应按产品说明书进行安装调试。

11.3.3 固定橱柜的制作安装应符合下列规定:

(1) 根据设计要求及地面及顶棚标高,确定橱柜的平面位置和标高。

(2) 制作木框架时,整体立面应垂直、平面应水平,框架交接处应做榫连接,并应涂刷木工乳胶。

(3) 侧板、底板、面板应用扁头钉与框架固定牢固,钉帽应做防腐处理。

(4) 抽屉应采用燕尾榫连接,安装时应配置抽屉滑轨。

(5) 五金件可先安装就位,油漆之前将其拆除,五金件安装应整齐、牢固。

11.3.4 扶手、护栏的制作安装应符合下列规定:

(1) 木扶手与弯头的接头要在下部连接牢固,木扶手的宽度或厚度超过 70 mm 时,其接头应黏接加强。

(2) 扶手与垂直杆件连接牢固,紧固件不得外露。

(3) 整体弯头制作前应做足尺样板,按样板划线。弯头黏结时,温度不宜低于 5℃。弯头下部应与栏杆扁钢结合紧密、牢固。

(4) 木扶手弯头加工成形应刨光,弯曲应自然,表面应磨光。

(5) 金属扶手、护栏垂直杆件与预埋件连接应牢固、垂直,如焊接,则表面应打磨抛光。

(6) 玻璃栏板应使用夹层夹玻璃或安全玻璃。

11.3.5　花饰的制作安装应符合下列规定:

(1) 装饰线安装的基层必须平整、坚实,装饰线不得随基层起伏。

(2) 装饰线、件的安装应根据不同基层,采用相应的连接方式。

(3) 木(竹)质装饰线、件的接口应拼对花纹,拐弯接口应齐整无缝,同一种房间的颜色应一致,封口压边条与装饰线、件应连接紧密牢固。

(4) 石膏装饰线、件安装的基层应干燥,石膏线与基层连接的水平线和定位线的位置、距离应一致,接缝应 45°角拼接。当使用螺钉固定花件时,应用电钻打孔,螺钉钉头应沉入孔内,螺钉应做防锈处理;当使用胶粘剂固定花件时,应选用短时间固化的胶粘材料。

(5) 金属类装饰线、件安装前应做防腐处理。基层应干燥、坚实。铆接、焊接或紧固件连接时,紧固件位置应整齐,焊接点应在隐蔽处、焊接表面应无毛刺。刷漆前应去除氧化层。

12　墙面铺装工程

12.1　一般规定

12.1.1　本章适用于石材、墙面砖、木材、织物、壁纸等材料的住宅墙面铺贴安装工程施工。

12.1.2　墙面铺装工程应在墙面隐蔽及抹灰工程、吊顶工程已完成并经验收后进行。当墙体有防水要求时,应对防水工程进行验收。

12.1.3　采用湿作业法铺贴的天然石材应作防碱处理。

12.1.4　在防水层上粘贴饰面砖时,黏结材料应与防水材料的性能相容。

12.1.5　墙面面层应有足够的强度,其表面质量应符合国家现行标准的有关规定。

12.1.6　湿作业施工现场环境温度宜在 5℃以上;裱糊时空气相对湿度不得大于 85%,应防止湿度及温度剧烈变化。

12.2　主要材料质量要求

12.2.1　石材的品种、规格应符合设计要求,天然石材表面不得有隐伤、风化等缺陷。

12.2.2　墙面砖的品种、规格应符合设计要求,并应有产品合格证书。

12.2.3　木材的品种、质量等级应符合设计要求,含水率应符合国家现行标准的有关要求。

12.2.4　织物、壁纸、胶粘剂等应符合设计要求,并应有性能检测报告和产品合格证书。

12.3 施工要点

12.3.1 墙面砖铺贴应符合下列规定：

(1) 墙面砖铺贴前应进行挑选，并应浸水 2 h 以上，晾干表面水分。

(2) 铺贴前应进行放线定位和排砖，非整砖应排放在次要部位或阴角处。每面墙不宜有两列非整砖，非整砖宽度不宜小于整砖的 1/3。

(3) 铺贴前应确定水平及竖向标志，垫好底尺，挂线铺贴。墙面砖表面应平整、接缝应平直、缝宽应均匀一致。阴角砖应压向正确，阳角线宜做成 45°角对接，在墙面突出物处，应整砖套割吻合，不得用非整砖拼凑铺贴。

(4) 结合砂浆宜采用 1∶2 水泥砂浆，砂浆厚度宜为 6～10 mm。水泥砂浆应满铺在墙砖背面，一面墙不宜一次铺贴到顶，以防塌落。

12.3.2 墙面石材铺装应符合下列规定：

(1) 墙面砖铺贴前应进行挑选，并应按设计要求进行预拼。

(2) 强度较低或较薄的石材应在背面粘贴玻璃纤维网布。

(3) 当采用湿作业法施工时，固定石材的钢筋网应与预埋件连接牢固。每块石材与钢筋网拉接点不得少于 4 个。拉接用金属丝应具有防锈性能。灌注砂浆前应将石材背面及基层湿润，并应用填缝材料临时封闭石材板缝，避免漏浆。灌注砂浆宜用 1∶2.5 水泥砂浆，灌注时应分层进行，每层灌注高度宜为 150～200 mm，且不超过板高的 1/3，插捣应密实。待其初凝后方可灌注上层水泥砂浆。

(4) 当采用粘贴法施工时，基层处理应平整但不应压光。胶粘剂的配合比应符合产品说明书的要求。胶液应均匀、饱满地刷抹在基层和石材背面，石材就位时应准确，并应立即挤紧、找平、找正，进行顶、卡固定。溢出胶液应随时清除。

12.3.3 木装饰装修墙制作安装应符合下列规定：

(1) 制作安装前应检查基层的垂直度和平整度，有防潮要求的应进行防潮处理。

(2) 按设计要求弹出标高、竖向控制线、分格线。打孔安装木砖或木楔，深度应不小于 40 mm，木砖或木楔应做防腐处理。

(3) 龙骨间距应符合设计要求。当设计无要求时：横向间距宜为 300 mm，竖向间距宜为 400 mm。龙骨与木砖或木楔连接应牢固。龙骨木质基层板应进行防火处理。

(4) 饰面板安装前应进行选配，颜色、木纹对接应自然谐调。

(5) 饰面板固定应采用射钉或胶黏接，接缝应在龙骨上，接缝应平整。

(6) 镶接式木装饰墙可用射钉从凹样边倾斜射入。安装第一块时必须校对竖向控制线。

(7) 安装封边收口线条时应用射钉固定，钉的位置应在线条的凹槽处或背视线的一侧。

12.3.4 软包墙面制作安装应符合下列规定：

(1) 软包墙面所用填充材料、纺织面料和龙骨、木基层板等均应进行防火处理。

(2) 墙面防潮处理应均匀涂刷一层清油或满铺油纸。不得用沥青油毡做防潮层。

(3) 木龙骨宜采用凹槽榫工艺预制，可整体或分片安装，与墙体连接应紧密、牢固。

(4) 填充材料制作尺寸应正确，棱角应方正，应与木基层板黏接紧密。

(5) 织物面料裁剪时经纬应顺直。安装应紧贴墙面，接缝应严密，花纹应吻合，无波纹起伏、翘边和褶皱，表面应清洁。

(6) 软包布面与压线条、贴脸线、踢脚板、电气盒等交接处应严密、顺直、无毛边。电气盒盖等开洞处，套割尺寸应准确。

12.3.5　墙面裱糊应符合下列规定：

(1) 基层表面应平整、不得有粉化、起皮、裂缝和突出物，色泽应一致。有防潮要求的应进行防潮处理。

(2) 裱糊前应按壁纸、墙布的品种、花色、规格进行选配。拼花、裁切、编号、裱糊时应按编号顺序粘贴。

(3) 墙面应采用整幅裱糊，先垂直面后水平面，先细部后大面，先保证垂直后对花拼逢，垂直面是先上后下，先长墙面后短墙面，水平面是先高后低，阴角处接缝应搭接，阳角处应包角不得有接缝。

(4) 聚氯乙烯塑料壁纸裱糊前应先将壁纸用水润湿数分钟，墙面裱糊时应在基层表面涂刷胶粘剂，顶棚裱糊时，基层和壁纸背面均应涂刷胶粘剂。

(5) 复合壁纸不得浸水，裱糊前应先在壁纸背面涂刷胶粘剂，放置数分钟，裱糊时，基层表面应涂刷胶粘剂。

(6) 纺织纤维壁纸不宜在水中浸泡，裱糊前宜用湿布清洁背面。

(7) 带背胶的壁纸裱糊前应在水中浸泡数分钟。裱糊顶棚时应涂刷一层稀释的胶粘剂。

(8) 金属壁纸裱糊前应浸水 1～2 min，阴干 5～8 min 后在其背面刷胶。刷胶应使用专用的壁纸粉胶，一边刷胶，一边将刷过胶的部分，向上卷在发泡壁纸卷上。

(9) 玻璃纤维基材壁纸、无纺墙布无需进行浸润。应选用黏接强度较高的胶粘剂，裱糊前应在基层表面涂胶，墙布背面不涂胶。玻璃纤维墙布裱糊对花时不得横拉斜扯避免变形脱落。

(10) 开关、插座等突出墙面的电气盒，裱糊前应先卸去盒盖。

13　涂饰工程

13.1　一般规定

13.1.1　本章适用于住宅内部水性涂料、溶剂型涂料和美术涂饰的涂饰工程施工。

13.1.2　涂饰工程应在抹灰、吊顶、细部、地面及电气工程等已完成并验收合格后进行。

13.1.3　涂饰工程应优先采用绿色环保产品。

13.1.4　混凝土或抹灰基层涂刷溶剂型涂料时，含水率不得大于 8%；涂刷水性涂料时，含水率不得大于 10%；木质基层含水率不得大于 12%。

13.1.5　涂料在使用前应搅拌均匀，并应在规定的时间内用完。

13.1.6　施工现场环境温度宜在 5℃～35℃之间，并应注意通风换气和防尘。

13.2　主要材料质量要求

13.2.1　涂料的品种、颜色应符合设计要求，并应有产品性能检测报告和产品合格证书。

13.2.2　涂饰工程所用腻子的黏结强度应符合国家现行标准的有关规定。

13.3 施工要点

13.3.1 基层处理应符合下列规定：

(1) 混凝土及水泥砂浆抹灰基层：应满刮腻子、砂纸打光，表面应平整光滑、线角顺直。

(2) 纸面石膏板基层：应按设计要求对板缝、钉眼进行处理后，满刮腻子、砂纸打光。

(3) 清漆木质基层：表面应平整光滑、颜色谐调一致、表面无污染、裂缝、残缺等缺陷。

(4) 调和漆木质基层：表面应平整、无严重污染。

(5) 金属基层：表面应进行除锈和防锈处理。

13.3.2 涂饰施工一般方法：

(1) 滚涂法：将蘸取漆液的毛辊先按 W 方式运动将涂料大致涂在基层上，然后用不蘸取漆液的毛辊紧贴基层上下、左右来回滚动，使漆液在基层上均匀展开，最后用蘸取漆液的毛辊按一定方向满滚一遍。阴角及上下口宜采用排笔刷涂找齐。

(2) 喷涂法：喷枪压力宜控制在 0.4～0.8 MPa 范围内。喷涂时喷枪与墙面应保持垂直，距离宜在 500 mm 左右，匀速平行移动。两行重叠宽度宜控制在喷涂宽度的 1/3。

(3) 刷涂法：直按先左后右、先上后下、先难后易、先边后面的顺序进行。

13.3.3 木质基层涂刷清漆：木质基层上的节疤、松脂部位应用虫胶漆封闭，钉眼处应用油性腻子嵌补。在刮腻子、上色前，应涂刷一遍封闭底漆，然后反复对局部进行拼色和修色，每修完一次，刷一遍中层漆，干后打磨，直至色调谐调统一，再做饰面漆。

13.3.4 木质基层涂刷调和漆：先满刷清油一遍，待其干后用油腻子将钉孔、裂缝、残缺处嵌刮平整，干后打磨光滑，再刷中层和面层油漆。

13.3.5 对泛碱、析盐的基层应先用 3%的草酸溶液清洗，然后用清水冲刷干净或在基层上满刷一遍耐碱底漆，待其干后刮腻子，再涂刷面层涂料。

13.3.6 浮雕涂饰的中层涂料应颗粒均匀，用专用塑料辊蘸煤油或水均匀滚压，厚薄一致，待完全干燥固化后，才可进行面层涂饰，面层为水性涂料应采用喷涂，溶剂型涂料应采用刷涂。间隔时间宜在 4 h 以上。

13.3.7 涂料、油漆打磨应待涂膜完全干透后进行，打磨应用力均匀，不得磨透露底。

14 地面铺装工程

14.1 一般规定

14.1.1 本章适用于石材(包括人造石材)、地面砖、实木地板、竹地板、实木复合地板、强化复合地板、地毯等材料的地面面层的铺贴安装工程施工。

14.1.2 地面铺装宜在地面隐蔽工程、吊顶工程、墙面抹灰工程完成并验收后进行。

14.1.3 地面面层应有足够的强度，其表面质量应符合国家现行标准、规范的有关规定。

14.1.4 地面铺装图案及固定方法等应符合设计要求。

14.1.5 天然石材在铺装前应采取防护措施，防止出现污损、泛碱等现象。

14.1.6 湿作业施工现场环境温度宜在 5℃以上。

14.2　主要材料质量要求

14.2.1　地面铺装材料的品种、规格、颜色等均符合设计要求并应有产品合格证书。

14.2.2　地面铺装时所用龙骨、垫木、毛地板等木料的含水率，以及防腐、防蛀、防火处理等均应符合国家现行标准、规范的有关规定。

14.3　施工要点

14.3.1　石材、地面砖铺贴应符合下列规定：

(1) 石材、地面砖铺贴前应浸水湿润。天然石材铺贴前应进行对色、拼花并试拼、编号。

(2) 铺贴前应根据设计要求确定结合层砂浆厚度，拉十字线控制其厚度和石材、地面砖表面平整度。

(3) 结合层砂浆宜采用体积比为 1∶3 的干硬性水泥砂浆，厚度宜高出实铺厚度 2～3 mm。铺贴前应在水泥砂浆上刷一道水灰比为 1∶2 的素水泥浆或干铺水泥 1～2 mm 后洒水。

(4) 石材、地面砖铺贴时应保持水平就位，用橡皮锤轻击使其与砂浆黏结紧密，同时调整其表面平整度及缝宽。

(5) 铺贴后应及时清理表面，24 h 后应用 1∶1 水泥浆灌缝，选择与地面颜色一致的颜料与白水泥拌和均匀后嵌缝。

14.3.2　竹、实木地板铺装应符合下列规定：

(1) 基层平整度误差不得大于 5 mm。

(2) 铺装前应对基层进行防潮处理，防潮层宜涂刷防水涂料或铺设塑料薄膜。

(3) 铺装前应对地板进行选配，宜将纹理、颜色接近的地板集中使用于一个房间或部位。

(4) 木龙骨应与基层连接牢固，固定点间距不得大于 600 mm。

(5) 毛地板应与龙骨成 30°或 45°铺钉，板缝应为 2～3 mm，相邻板的接缝应错开。

(6) 在龙骨上直接铺装地板时，主次龙骨的间距应根据地板的长宽模数计算确定，地板接缝应在龙骨的中线上。

(7) 地板钉长度宜为板厚的 2.5 倍，钉帽应砸扁。固定时应从凹榫边 30°角倾斜钉入。硬木地板应先钻孔，孔径应略小于地板钉直径。

(8) 毛地板及地板与墙之间应留有 8～10 mm 的缝隙。

(9) 地板磨光应先刨后磨，磨削应顺木纹方向，磨削总量应控制在 0.3～0.8 mm 内。

(10) 单层直铺地板的基层必须平整、无油污。铺贴前应在基层刷一层薄而匀的底胶以提高黏结力。铺贴时基层和地板背面均应刷胶，待不粘手后再进行铺贴。拼板时应用榔头垫木块敲打紧密，板缝不得大于 0.3 mm。溢出的胶液应及时清理干净。

14.3.3　强化复合地板铺装应符合下列规定：

(1) 防潮垫层应满铺平整，接缝处不得叠压。

(2) 安装第一排时应凹槽面靠墙。地板与墙之间应留有 8～10 mm 的缝隙。

(3) 房间长度或宽度超过 8 m 时，应在适当位置设置伸缩缝。

14.3.4　地毯铺装应符合下列规定：

(1) 地毯对花拼接应按毯面绒毛和织纹走向的同一方向拼接。

(2) 当使用张紧器伸展地毯时，用力方向应呈 V 字形，应由地毯中心向四周展开。

(3) 当使用倒刺板固定地毯时,应沿房间四周将倒刺板与基层固定牢固。

(4) 地毯铺装方向,应是毯面绒毛走向的背光方向。

(5) 满铺地毯,应用扁铲将毯边塞入卡条和墙壁间的间隙中或塞入踢脚下面。

(6) 裁剪楼梯地毯时,长度应留有一定余量,以便在使用中可挪动常磨损的位置。

15 卫生器具及管道安装工程

15.1 一般规定

15.1.1 本章适用于厨房、卫生间的洗涤、洁身等卫生器具的安装以及分户进水阀后给水管段、户内排水管段的管道施工。

15.1.2 卫生器具、各种阀门等应积极采用节水型器具。

15.1.3 各种卫生设备及管道安装均应符合设计要求及国家现行标准规范的有关规定。

15.2 主要材料质量要求

15.2.1 卫生器具的品种、规格、颜色应符合设计要求并应有产品合格证书。

15.2.2 给排水管材、件应符合设计要求并应有产品合格证书。

15.3 施工要点

15.3.1 各种卫生设备与地面或墙体的连接应用金属固定件安装牢固。金属固定件应进行防腐处理。当墙体为多孔砖墙时,应凿孔填实水泥砂浆后再进行固定件安装。当墙体为轻质隔墙时,应在墙体内设后置埋件,后置埋件应与墙体连接牢固。

15.3.2 各种卫生器具安装的管道连接件应易于拆卸、维修。排水管道连接应采用有橡胶垫片排水栓。卫生器具与金属固定件的连接表面应安置铅质或橡胶垫片。各种卫生陶瓷类器具不得采用水泥砂浆窝嵌。

15.3.3 各种卫生器具与台面、墙面、地面等接触部位均应采用硅酮胶或防水密封条密封。

15.3.4 各种卫生器具安装验收合格后应采取适当的成品保护措施。

15.3.5 管道敷设应横平竖直,管卡位置及管道坡度等均应符合规范要求。各类阀门安装应位置正确且平正,便于使用和维修。

15.3.6 嵌入墙体、地面的管道应进行防腐处理并用水泥砂浆保护,其厚度应符合下列要求:墙内冷水管不小于 10 mm、热水管不小于 15 mm,嵌入地面的管道不小于 10 mm。嵌入墙体、地面或暗敷的管道应作隐蔽工程验收。

15.3.7 冷热水管安装应左热右冷,平行间距应不小于 200 mm。当冷热水供水系统采用分水器供水时,应采用半柔性管材连接。

15.3.8 各种新型管材的安装应按生产企业提供的产品说明书进行施工。

16　电气安装工程

16.1　一般规定

16.1.1　本章适用于住宅单相入户配电箱户表后的室内电路布线及电器、灯具安装。

16.1.2　电气安装施工人员应持证上岗。

16.1.3　配电箱户表后应根据室内用电设备的不同功率分别配线供电；大功率家电设备应独立配线安装插座。

16.1.4　配线时，相线与零线的颜色应不同；同一住宅相线(L)颜色应统一，零线(N)宜用蓝色，保护线(PE)必须用黄绿双色线。

16.1.5　电路配管、配线施工及电器、灯具安装除遵守本规定外，尚应符合国家现行有关标准规范的规定。

16.1.6　工程竣工时应向业主提供电气工程竣工图。

16.2　主要材料质量要求

16.2.1　电器、电料的规格、型号应符合设计要求及国家现行电器产品标准的有关规定。

16.2.2　电器、电料的包装应完好，材料外观不应有破损，附件、备件应齐全。

16.2.3　塑料电线保护管及接线盒必须是阻燃型产品，外观不应有破损及变形。

16.2.4　金属电线保护管及接线盒外观不应有折扁和裂缝，管内应无毛刺，管口应平整。

16.2.5　通信系统使用的终端盒、接线盒与配电系统的开关、插座，宜选用同一系列产品。

16.3　施工要点

16.3.1　应根据用电设备位置，确定管线走向、标高及开关、插座的位置。

16.3.2　电源线配线时，所用导线截面积应满足用电设备的最大输出功率。

16.3.3　暗线敷设必须配管。当管线长度超过 15 m 或有两个直角弯时，应增设拉线盒。

16.3.4　同一回路电线应穿入同一根管内，但管内总根数不应超过 8 根，电线总截面积(包括绝缘外皮)不应超过管内截面积的 40%。

16.3.5　电源线与通讯线不得穿入同一根管内。

16.3.6　电源线及插座与电视线及插座的水平间距不应小于 500 mm。

16.3.7　电线与暖气、热水、煤气管之间的平行距离不应小于 300 mm，交叉距离不应小于 100 mm。

16.3.8　穿入配管导线的接头应设在接线盒内，接头搭接应牢固，绝缘带包缠应均匀紧密。

16.3.9　安装电源插座时，面向插座的左侧应接零线(N)，右侧应接相线(L)，中间上方应接保护地线(PE)。

16.3.10　当吊灯自重在 3 kg 及以上时，应先在顶板上安装后置埋件，然后将灯具固定在后置埋件上。严禁安装在木楔、木砖上。

16.3.11 连接开关、螺口灯具导线时，相线应先接开关，开关引出的相线应接在灯中心的端子上，零线应接在螺纹的端子上。

16.3.12 导线间和导线对地间电阻必须大于 0.5 MΩ。

16.3.13 同一室内的电源、电话、电视等插座面板应在同一水平标高上，高差应小于 5 mm。

16.3.14 厨房、卫生间应安装防溅插座，开关宜安装在门外开启侧的墙体上。

16.3.15 电源插座底边距地宜为 300 mm，平开关板底边距地宜为 1 400 mm。

附录 A:本规范用词说明

A.0.1 为便于在执行本规范条文时区别对待，对要求严格程度不同的用词，说明如下：

(1) 表示很严格，非这样做不可的用词：

正面词采用“必须”、“只能”；

反面词采用“严禁”。

(2) 表示严格，在正常情况下均应这样做的用词：

正面词采用“应”；

反面词采用“不应”或“不得”。

(3) 表示允许稍有选择，在条件许可时，首先应这样做的用词：

正面词采用“宜”；

反面词采用“不宜”。

(4) 表示有选择，在一定条件下可以这样做的，采用“可”。

A.0.2 条文中指定按其他有关标准、规范执行时，写法为“应按……执行”或“应符合……的规定”。

合同编号：________

附录2　家庭居室装饰装修工程施工合同

发包人：________________　　承包人：________________
住所：________________　　住所：________________
委托代理人：________________　　营业执照号：________________
电话：________________　　法定代理人：________________
本工程设计人：________________　　电话：________________
施工队负责人：________________　　电话：________________

依照《中华人民共和国合同法》及有关法律、法规的规定，结合家庭居室装饰装修工程施工特点，双方在平等、自愿、协商一致的基础上，就发包人的家庭居室装饰装修工程（以下简称“工程”）的有关事宜，达成如下协议：

第一条　工程概况

1.1　工程地点：____。
1.2　工程内容及做法（详见附表1：家庭居室装饰装修工程施工项目确认表。附表2：家庭居室装饰装修工程内容和做法一览表）。
1.3　工程承包方式：双方商定采取下列第________种承包方式。
(1) 承包人包工、包料（详见附表5：承包人提供装饰装修材料明细表）；
(2) 承包人包工、部分包料，发包人提供部分材料（详见附表4：发包人提供装饰装修材料明细表。附表5：承包人提供装饰装修材料明细表）；
(3) 承包人包工、发包人包料（详见附表4：发包人提供装饰装修材料明细表）。
1.4 工程期限________天，开工日期________年________月________日，竣工日期________年________月________日。
1.5　合同价款：本合同工程造价为（大写）：________元（详见附表3：家庭居室装饰装修工程报价单）。

第二条　工程监理

若本工程实行工程监理，发包人与监理公司另行签订《工程监理合同》，并将监理工程师的姓名、单位、联系方式及监理工程师的职责等通知承包人。

第三条　施工图纸

双方商定施工图纸采取下列第______种方式提供：

(1) 发包人自行设计并提供施工图纸,图纸一式二份,发包人、承包人各一份(详见附表6:家庭居室装饰装修工程设计图纸);

(2) 发包人委托承包人设计施工图纸,图纸一式二份,发包人、承包人各一份(详见附表6:家庭居室装饰装修工程设计图纸),设计费(大写)__________元,由发包人支付(此费用不在工程价款内)。

第四条　发包人义务

4.1　开工前______天,为承包人入场施工创造条件。包括:搬清室内家具、陈设或将室内不易搬动的家具、陈设归堆、遮盖,以不影响施工为原则;

4.2　提供施工期间的水源、电源;

4.3　负责协调施工队与邻里之间的关系;

4.4　不拆动室内承重结构,如需拆改原建筑的非承重结构或设备管线,负责到有关部门办理相应的审批手续;

4.5　施工期间发包人仍需部分使用该居室的,负责做好施工现场的保卫及消防等项工作;

4.6　参与工程质量和施工进度的监督,负责材料进场、竣工验收。

第五条　承包人义务

5.1　施工中严格执行安全施工操作规范、防火规定、施工规范及质量标准,按期保质完成工程;

5.2　严格执行有关施工现场管理的规定,不得扰民及污染环境;

5.3　保护好原居室室内的家具和陈设,保证居室内上、下水管道的畅通;

5.4　保证施工现场的整洁,工程完工后负责清扫施工现场。

第六条　工程变更

工程项目及施工方式如需变更,双方应协商一致,签定书面变更协议,同时调整相关工程费用及工期(见附表7:家庭居室装饰装修工程变更单)。

第七条　材料的提供

7.1　由发包人提供的材料、设备(详见附表4:发包人提供装饰装修材料明细表),发包人应在材料运到施工现场前通知承包人,双方共同验收并办理交接手续。

7.2　由承包人提供的材料、设备(详见附表5:承包人提供装饰装修材料明细表),承包人应在材料运到施工现场前通知发包人,并接受发包人检验。

第八条　工期延误

8.1　对以下原因造成竣工日期延误,经发包人确认,工期相应顺延:

(1) 工程量变化和设计变更;

(2) 不可抗力;

(3) 发包人同意工期顺延的其他情况。

8.2　因发包人未按约定完成其应负责的工作而影响工期的,工期顺延;因发包人提供的材料、设备质量不合格而影响工程质量的,返工费用由发包人承担,工期顺延。

8.3　发包人未按期支付工程款，合同工期相应顺延。
8.4　因承包人责任不能按期开工或无故中途停工而影响工期的，工期不顺延；因承包人原因造成工程质量存在问题的，返工费用由承包人承担，工期不顺延。

第九条　质量标准

双方约定本工程施工质量标准：________________________。施工过程中双方对工程质量发生争议，由________部门对工程质量予以认证，经认证工程质量不符合合同约定的标准，认证过程支出的相关费用由承包人承担；经认证工程质量符合合同约定的标准，认证过程支出的相关费用由发包人承担。

第十条　工程验收和保修

10.1　双方约定在施工过程中分下列几个阶段对工程质量进行验收：
(1)________________________
(2)________________________
(3)________________________
承包人应提前两天通知发包人进行验收，阶段验收合格后应填写工程验收单(见附表8：家庭居室装饰装修工程验收单)。
10.2　工程竣工后，承包人应通知发包人验收，发包人应自接到验收通知后两天内组织验收，填写工程验收单(见附表8：家庭居室装饰装修工程验收单)。在工程款结清后，办理移交手续(详见附表9：家庭居室装饰装修工程结算单)。
10.3　本工程自验收合格双方签字之日起保修期为________月。验收合格签字后，填写工程保修单(见附表10：家庭居室装饰装修工程保修单)。

第十一条　工程款支付方式

11.1　双方约定按以下第________种方式支付工程款：
(1) 合同生效后，发包人按下表中的约定直接向承包人支付工程款：
支付次数：________。
支付时间：第一次开工前三日支付金额：______元；第二次工程进度过半支付金额：________元；第三次双方验收合格支付金额：________元。
工程进度过半指：________________________。
(2) 其他支付方式：________________________。
11.2　工程验收合格后，承包人应向发包人提出工程结算，并将有关资料送交发包人。发包人接到资料后________日内如未有异议，即视为同意，双方应填写工程结算单(见附表9：家庭居室装饰装修工程结算单)并签字，发包人应在签字时向承包人结清工程尾款。
11.3　工程款全部结清后，承包人应向发包人开具正式统一发票。

第十二条　违约责任

12.1　合同双方当事人中的任何一方因未履行合同约定或违反国家法律、法规及有关政策规定，受到罚款或给对方造成损失的，均由责任方承担责任，并赔偿给对方造成的经济损失。
12.2　未办理验收手续，发包人提前使用或擅自动用工程成品而造成损失的，由发包人负责。

12.3　因一方原因，造成合同无法继续履行时，该方应及时通知另一方，办理合同终止手续，并由责任方赔偿对方相应的经济损失。

12.4　发包人未按期支付第二(三)次工程款的，每延误一天向对方支付违约金________元。

12.5　由于承包人原因，工程质量达不到双方约定的质量标准，承包人负责修理，工期不予顺延。

12.6　由于承包人原因致使工期延误，每延误一天向对方支付违约金________元。

第十三条　合同争议的解决方式

本合同在履行过程中发生的争议，由当事人双方协商解决；也可由有关部门调解；协商或调解不成的，按下列第________种方式解决：

(1) 提交________仲裁委员会仲裁；

(2) 依法向人民法院提起诉讼。

第十四条　几项具体规定

14.1　因工程施工而产生的垃圾，由承包人负责运出施工现场，并负责将垃圾运到指定的地点，发包人负责支付垃圾清运费用(大写)________元(此费用不在工程价款内)。

14.2　施工期间，发包人将外屋钥匙________把，交给承包人保管。工程竣工验收后，发包人负责提供新锁________把，由承包人当场负责安装交付使用。

14.3　施工期间，承包人每天的工作时间为：上午______点______分至______点______分；下午______点______分至______点______分。

第十五条　其他约定事项：____

____。

第十六条　附则

16.1　本合同经双方签字(盖章)后生效，合同履行完毕后终止。

16.2　本合同签订后工程不得转包。

16.3　本合同一式________份，双方各执________份，________部门________份。

16.4　合同附件为本合同的组成部分，与本合同具有同等法律效力。

合同附件(略)：

附表 1-1：家庭居室装饰装修工程施工项目确认表(一)

附表 1-2：家庭居室装饰装修工程施工项目确认表(二)

附表 2：家庭居室装饰装修工程内容和做法一览表

附表 3：家庭居室装饰装修工程报价单

附表 4：发包人提供装饰装修材料明细表

附表 5：承包人提供装饰装修材料明细表

附表 6：家庭居室装饰装修工程设计图纸

附表 7：家庭居室装饰装修工程变更单

附表 8:家庭居室装饰装修工程验收单

附表 9:家庭居室装饰装修工程结算单

附表 10:家庭居室装饰装修工程保修单

发包人(签字):____________　承包人(盖章):____________

委托代理人:____________　法定代表人:____________

____年____月____日　____年____月____日

鉴证意见:

经办人:

鉴证机关(章)

____年____月____日

参考文献

[1] 贾森.室内设计接单技巧与快速手绘表达提高.北京：中国建筑工业出版社，2006

[2] 贾森. 室内设计接单技巧与快速手绘表达突破.北京：中国建筑工业出版社，2006

[3] 杜台安.材料表现新风采.北京：中国轻工业出版社，1999

[4] 房志勇.家庭居室装修装饰丛书——儿童天地.北京：金盾出版社，2000

[5] 房志勇.家庭居室装修装饰丛书——卧室.北京：金盾出版社，2000

[6] 李栋.室内装饰材料与应用.南京：东南大学出版社，2005

[7] 范业闻，肖春，孔键，等.现代居室设计与装饰技巧.上海：同济大学出版社，2006

[8] 谭长亮.居住空间设计.上海：上海人民美术出版社，2006

[9] 张晶，吴亚生，白燕.客厅·门厅·餐厅装修一本通.深圳：海天出版社，2002

[10] 王佩环.室内设计基础.武汉：武汉理工大学出版社，2008

[11] 杨键.家居空间设计与快速表现.沈阳：辽宁科学技术出版社，2006

[12] 来增祥，陆震纬.室内设计原理.北京：中国建筑工业出版社，2005

[13] 张绮曼，郑曙阳.室内设计资料集.北京：中国建筑工业出版社，1991

[14] 张月.室内人体工程学.北京：中国建筑工业出版社，2005

[15] 东南大学建筑学院.江苏省工程建设标准——建筑装饰装修制图标准. DGJ32/J20—2006